Dario Davila Paredes

Análisis estructural y composición florística de un bosque

Dario Davila Paredes

Análisis estructural y composición florística de un bosque

de terraza media, comunidad Puerto Almendra,
distrito San Juan Bautista, Loreto - Perú

Editorial Académica Española

Imprint

Any brand names and product names mentioned in this book are subject to trademark, brand or patent protection and are trademarks or registered trademarks of their respective holders. The use of brand names, product names, common names, trade names, product descriptions etc. even without a particular marking in this work is in no way to be construed to mean that such names may be regarded as unrestricted in respect of trademark and brand protection legislation and could thus be used by anyone.

Cover image: www.ingimage.com

Publisher:
Editorial Académica Española
is a trademark of
Dodo Books Indian Ocean Ltd. and OmniScriptum S.R.L publishing group

120 High Road, East Finchley, London, N2 9ED, United Kingdom
Str. Armeneasca 28/1, office 1, Chisinau MD-2012, Republic of Moldova, Europe
Printed at: see last page
ISBN: 978-613-9-41080-4

ANÁLISIS ESTRUCTURAL Y COMPOSICIÓN FLORÍSTICA DE UN BOSQUE DE TERRAZA MEDIA, COMUNIDAD PUERTO ALMENDRA, DISTRITO SAN JUAN BAUTISTA, LORETO - PERÚ

Dario Davila Paredes[1], Génesis M. Davila Zambrano[2], Rodil Tello Espinoza[3], Jorge Mera Ramirez[4], Roger Ruiz Pardes[5], Ronald Burga Alvarado[3], Elmer S. Saavedra Viteri[6], Gladis Cárdenas Cárdenas[8], Richard Huaranca Acostupa[7], Diego D. Davila Zambrano[7], Pedro A. Angulo Ruiz[3], Luis Lopez Vinatea[8]

1. Herbario Amazonense, Centro de Investigacion Recursos Naturales (CIRNA), Universidad Nacional de la Amazonia Peruana (UNAP).

2. Bromatologia y Nutricion Humana, Facultad de Industrias Alimentarias, Universidad Nacional de la Amazonia Peruana (UNAP).

3. Facultad de Ciencas Forestales, Universidad Nacional de la Amazonia Peruana (UNAP).

4. Facultad de Ciencias Económicas y de Negocios, Universidad Nacional de la Amazonia Peruana (UNAP).

5. Facultad de Industrias Alimentarias, Universidad Nacional de la Amazonia Peruana (UNAP).

6. Facultad de Ciencias de la Educacion y Humanidades, Universidad Nacional de la Amazonia Peruana (UNAP).

7. Facultad de Ciencias Biologicas, Universidad Nacional de la Amazonia Peruana (UNAP).

8. Facutld de Ingenieria Quimica, Universidad Nacional de la Amazonia Peruana (UNAP).

ÍNDICE DE CONTENIDOS

ÍNDICE DE TABLAS

ÍNDICE DE ILUSTRACIONES

Pag.

RESUMEN

El objetivo principal de este trabajo de investigacion, fue analizar la estructura y composición florística de especies forestales, comunidad Puerto Almendra, con énfasis en abundancia, frecuencia, dominancia e índice valor de importancia; complementado con la complejidad florística, estructura horizontal y vertical, de las especies forestales evaluadas. En tres (3) parcelas, de 20 m x 100 m, se registró un total 152 árboles, representado por 23 familias, 43 géneros y 64 especies; familias más representativas fueron: Fabaceae, Lauraceae, Sapotaceae, Euphorbiaceae y Annonaceae, reportó 95 árboles y representó el 62.5 %. La abundancia absoluta y relativa, referido a cuantificar especies forestales, la familia más representativa Fabaceae, 6 géneros, 10 especies y 29 árboles, destacó *Parkia velutina* Benoist, 17 árboles; sumaron un total de 52 árboles, representó 34.21% del total. La frecuencia absoluta y relativa; referido a presencia de especies forestales, en 04 parcelas, se registró 04 especies forestales (40%), destacó el género *Parkia*, "pashaco". Dominancia, absoluta y relativa, de 152 árboles, la familia más importante fue Fabaceae, destacó *Parkia velutina* Benoist., "pashaco" (40%); sumaron en total 5.615417 m^2, de área basal. El Índice Valor de Importancia, (IVI), destacó *Parkia velutina* Benoist., "pashaco", 17 árboles, representó 8.7%, del total. Estructura horizontal (Eh), referido al diámetro, rangos de 5x5 cm a 10 cm de dap, 1.30 m. del suelo. La clase diamétrica I, (10-14.9 cm, DAP), cuantitativamente, registró 65 árboles (42.76%), destacó familia Sapotaceae, *Micropholis egenesis* (A. DC.) Pierre, "caimitillo". Estructura vertical (Ev), referido a altura total (5-8 m), la estructura vertical inferior, cuantitativamente, registró 18 árboles (11.84%), destacó familia Lauraceae, *Ocotea aciphylla* (Nees) Mez, "canela moena"; la estructura vertical media, (Evm), cuantitativamente, registró 108 árboles (71.05%), destacó familia Lecythidaceae, *Eschweilera coriaceae* (A. DC.) S. A. Mori, "machimango", la Estructura vertical superior, (Evs), cuantitativamente, registró 26 árboles (17.11%), destacó familia Fabaceae, *Parkia velutina* Benoist, "pashaco"; la Complejidad Florística fue 1/3, es decir, por cada especie, existían 3 árboles.

Palabras claves: Abundancia; Frecuencia; Dominancia, Índice Valor de Importancia; Complejidad Florística; Estructura Horizontal y Vertical.

ABSTRACT

The main objective of this research work was to analyze the structure and floristic composition of forest species, Puerto Almendra community, with emphasis on abundance, frequency, dominance and importance value index; complemented with the floristic complexity, horizontal and vertical structure, of the forest species evaluated. On three (3) plots, 20 m x 100 m, a total of 152 trees were recorded, represented by 23 families, 43 genera and 64 species; The most representative families were: Fabaceae, Lauraceae, Sapotaceae, Euphorbiaceae and Annonaceae, reporting 95 trees and representing 62.5%. The absolute and relative abundance, referred to quantifying forest species, the most representative family Fabaceae, 6 genera, 10 species and 29 trees, highlighted Parkia velutina Benoist, 17 trees; They added a total of 52 trees, representing 34.21% of the total. The absolute and relative frequency; Regarding the presence of forest species, in 04 plots, 04 forest species were recorded (40%), the Parkia genus, "pashaco", stood out. Dominance, absolute and relative, of 152 trees, the most important family was Fabaceae, highlighted Parkia velutina Benoist., "pashaco" (40%); They added up to a total of 5.615417 m2 of basal area. The Importance Value Index (IVI), highlighted Parkia velutina Benoist., "pashaco", 17 trees, represented 8.7% of the total. Horizontal structure (Eh), referring to the diameter, ranges from 5x5 cm to 10 cm dbh, 1.30 m. ground. Diametric class I, (10-14.9 cm, DAP), quantitatively, registered 65 trees (42.76%), highlighted by the Sapotaceae family, Micropholis egenesis (A. DC.) Pierre, "caimitillo". Vertical structure (Ev), referred to total height (5-8 m), the lower vertical structure, quantitatively, recorded 18 trees (11.84%), highlighted Lauraceae family, Ocotea aciphylla (Nees) Mez, "canela moena"; the medium vertical structure, (Evm), quantitatively, recorded 108 trees (71.05%), highlighted the Lecythidaceae family, Eschweilera coriaceae (A. DC.) S. A. Mori, "machimango", the upper vertical structure, (Evs), quantitatively, recorded 26 trees (17.11%), highlighted Fabaceae family, Parkia velutina Benoist, "pashaco"; Floristic Complexity was 1/3, that is, for each species, there were 3 trees.

Keywords: Abundance; Frequency; Dominance, Importance Value Index; Floristic complexity; Horizontal Structure and Upright structure.

INTRODUCCIÓN

El Perú, país forestal, con 60% de bosques; ocupa el décimo lugar en cobertura forestal en el mundo, segundo en Latinoamérica, después de Brasil [1], representa a la cuenca amazónica peruana, 956 751 Km^2, (74.44 %) del territorio nacional y 13.02 % de la cuenca amazónica total [2]. Los bosques de la Amazonía peruana, los más ricos en diversidad de especies que cualquier otro bosque tropical del planeta, el 50%, corresponde a llanura o planicie amazónica; de 17 144 especies registradas en el catálogo de Angiospermas y Gimnospermas del Perú, el 43% de plantas son amazónicas [5]; la composición florística, representa el 6 237 especies, distribuidos en 1406 géneros y 182 familias, constituye 36.3%, de la flora fanerógama del Perú [7], es posible encontrar hasta 300 especies de plantas en una hectárea [6], casi 3000 especies en tres zonas reservadas de Iquitos [8].

Los inventarios forestales, son instrumentos valiosos para registrar información y mostrar el estado situacional del bosque, desde el punto de vista cuantitativo y cualitativo [3]. Los bosques naturales ubicados en áreas, comunidad Puerto Almendra, posee una vegetación natural de terraza media poco conocida, aun no documentada y, se desconoce el rol que cumplen las especies de este tipo de bosques; sin embargo, actualmente están expuestas a diversas actividades antrópicas, siendo la principal amenaza, la deforestación [4], por vivienda y venta de madera, lo que ocasiona la pérdida de un ecosistemas, con hábitats naturales valiosos para la vida de flora y fauna silvestre amazónica, mas aun para los habitante de este lugar.

Evaluar y establecer cuantitativamente sus características estructurales, permite determinar posibilidades de uso, en producción y conservación, asi como del interés científico, técnico, económico y ecológico, para orientar a un exitoso manejo sostenible de estos ecosistemas y, desarrollar la Region Loreto.

La estructura horizontal y vertical, evalúa el comportamiento de cada especie de un tipo de bosque, mediante índices que expresan ocurrencias de especies e importancia ecológica, dentro del ecosistema, a través de abundancia, frecuencia y dominancia, cuya suma relativa genera el IVI [9].

El objetivo de este trabajo, analiza cuantitativamente características estructurales y composición florística más importantes de un bosque de terraza media, localizado en la comunidad Puerto Almendra, Distrito San Juan Bautista, Provincia de Maynas, Region Loreto, por su ubicación geográfica, se considera un ecosistema de especial interés para la Amazonia Peruana.

I.   MARCO TEÓRICO

1.1.   ANTECEDENTES

Estudios de composición florística y diversidad de bosques tropicales, son importantes y esenciales para entender la estructura y dinámica de la vegetación [59, 60, 61, 62, 63].

Numerosos inventarios forestales realizados en la amazonía peruana, concluyen que: l as familias Fabaceae, Lauraceae, Annonaceae, Rubiaceae, Moraceae, Myristicaceae, Sapotaceae, Meliaceae, Arecaceae y Euphorbiaceae, contribuyen el 52 % de la riqueza de especies de los bosques de baja altitud de la amazonía peruana [58].

Estudios realizados sobre la flora en 3 reservas de Iquitos (Allpahuayo-Mishana, Yanamono y Sucusari), demostraron que los bosques de tierra firme son más ricos en especies que los bosques de planicie inundable. El 74.6% de las especies registradas, ocurren sólo en tierra firme, el 16.2% crecen en planicie inundable y 9.2 % de las especies, crecen en ambos casos [59].

El año 2012, se realizó un estudio sobre un bosque de terraza media adyacente al Arboretum "El huayo", del Centro de Investigación y Enseñanza Forestal, Puerto Almendra; se determinó la composición florística, estructura horizontal y vertical de árboles con ≥ 10 cm de DAP; se registró 1 159 árboles, distribuidas en 38 familias botánicas, 92 géneros y 120 especies; la familia botánica más importante fue Euphorbiaceae con 10 especies y 222 individuos (54%, IVI); ecológicamente la especies mas importante fue *Alchomea triplinervia*, "zancudo caspi" (Euphorbiaceae), con 20.2% de IVI; *Virola flexuosa* "cumala caupuri" (Myristicaceae), con 18.59%; *Protium* sp. "copal" (Burseraceae), con 17.4%; *Micrandra spruceana* "shiringa masha" (Euphorbiaceae), con 16.33% [97].

El año 2016, en un inventario forestal, en bosque primario con influencia la carretera Iquitos-Nauta, se evaluó y analizó la composición forestal en 5 hectáreas, árboles con ≥ 10 cm de DAP, a 1.30 m del suelo, se registró 1 614 árboles pertenecientes a 161 especies diferentes. La especie con mayor abundancia, fue "copal", (*Protium* sp.), 80, (4.96%), asi como el Índice Valor de Importancia [10]. La estructura vertical de la vegetación, se consideró tres estratos: inferior, medio y superior. El estrato medio fue comparativamente el más uniforme, más cerrado y con el número mayor de árboles. El estrato inferior fue comparativamente uniforme, menos cerrado con menor número de árboles. El estrato superior fue mayormente ralo, la copa de los árboles separadas hasta abierta, pocas especies en este dosel aparentemente de gran expansión horizontal (dominancia) [10]. La estructura horizontal de los árboles inventariados estuvo distribuida en 19 clases diamétricas. El mayor porcentaje de árboles, (70.82%), se encontró distribuidos en las clases diamétricas de 10 < dap < 25 cm y representó el 27.94%, del área basal [10].

El año 2018, se ejecutó la evaluación de la composición florística y estructura horizontal de la vegetación arbórea del Arboretum "El huayo"; se determinó intensidad de Mezcla, índice valor de importancia de las especies y familias; en 4 parcelas permanentes de muestreo de 1.22 ha. cada uno; se registró todos los individuos con ≥ 5 cm, dap; se encontró 521 especies forestales distribuidas en 183 géneros y 53 familias. La familia con mayor importancia ecológica, fue Lecythidaceae, por adaptarse mejor al lugar y mayor IVI [12].

El año 2019, se evaluó un bosque de colina baja ligeramente disectada, en 13 parcelas de muestreo de 20 x 250 m, carretera Iquitos-Nauta, provincia de

Maynas, departamento de Loreto; se determinó la composición florística, estructura horizontal y diversidad de este bosque; reportó 709 individuos distribuidos en 105 especies, 86 géneros y 33 familias botánicas. Veinte (20) especies contribuyen el mayor peso ecológico, *Tachigali sp.*, con 14.72%, *Eschweilera decolorans*, con 12.53% y *Virola elongata*, con 11.72% [13].

Durante el 2020, se realizó un inventario forestal en bosque de terraza, región Madre de Dios, se determinó la composición florística, estructura y diversidad arbórea de un bosque amazónico, en 2 parcelas rectangulares de 20 m x 500 m cada uno, se identificó individuos, con ≥ 10 cm dap; se registró 4 429 árboles, 254 especies, 165 géneros y 53 familias. Las especies de mayor importancia ecológica fueron: *Tetragastris altissima* (Aubl.) Swart, *Iriartea deltoidea* Ruiz & Pav, *Euterpe precatoria* Mart., especies abundantes por apertura del dosel, lo que incrementó su dominancia; mientras *Ocotea bofo* Kunth, *Bertholletia excelsa* Bonpl, *Eschweilera coriácea* (DC.) S.A. Mori, con baja abundancia, debido a cambios en la composición florística, después del aprovechamiento de madera [14].

El año 2021, se realizó un estudio, en nueve localidades, Región Loreto, para comparar patrones de composición, estructura y diversidad florística en diferentes tipos de bosques, en parcelas 20 m x 50 m (2.5 ha.). Las familias con mayor abundancia fueron: Fabaceae, Euphorbiaceae, Myristicaceae, Annonaceae, Lecythidaceae, Moraceae, Violaceae, Burseraceae, Rubiaceae y Sapotaceae. Según el IVF, la riqueza específica fue de 903 especies, con 3 421 individuos. El área basal promedio de 76.92 m^2/ha [15].

1.2. BASES TEÓRICAS

1.2.1 Estructura del bosque

Ecológicamente, la estructura de un bosque, es el componente arbóreo que está en directa relación con las fuerzas del medio ambiente, principalmente con el clima, fisiográfica, suelo, elementos propicios para el crecimiento y desarrollo de otras formas de vida, interrelaciona con el suelo a través del aporte de material orgánico y nutrientes, que reduce y amortigua los efectos climáticos sobre el suelo y su fisiografía, constituido por la vegetación arbórea, comprendida por plantas leñosas capaces de exceder los 10 cm de diámetro, un indicador del establecimiento en el dosel principal del bosque [16].

La estructura de los bosques, está dada por la abundancia, distribución y dominancia de las especies que lo conforman, respecto a la masa boscosa total. La suma de estos parámetros relativos, indica el índice valor de importancia ecológica y su dominio en el bosque [17].

La mayoría de especies presentan una baja distribución horizontal, con irregularidad a escasa ocupación dentro del bosque (especies "ocasionales"). Del conjunto florístico, las especies horizontalmente bien distribuidas (especies "frecuentes"), usualmente presentan elevada abundancia y mayor dominancia, juegan un rol importante en la constitución del bosque [18,19,20].

Los parámetros más usados para medir la estructura de un bosque son densidad de tallos y área basal [23]. Verticalmente podemos distinguir tres estratos arbóreos: estrato alto o superior, estrato medio y estrato bajo o inferior [21,19,22,20].

1.2.2 Composición florística

Las características de los bosques tropicales, está determinada por factores ambientales, posición geográfica, clima, suelo y topografía, asi como la dinámica del bosque y la ecología de sus especies [26]. Ademas, la composición florística de los bosques tropicales, cambia constantemente entre un lugar a otro; se enfoca en la diversidad de especies dentro de un ecosistema, es necesario elaborar un cuadro que contenga nombres de las especies identificadas, para describirlas adecuadamente [23].

La alta diversidad de los bosques de la amazonia en comparación con el resto del Neotrópico, se debe a la biodiversidad por especialización a hábitats diferentes [25]. Inventarios florísticos en tres reservas forestales cerca de Iquitos (Yanamono, Reserva Turística Explorama, Sucusari), reportan 2 748 especies, 876 géneros y 165 Familias; récord mundial de diversidad local en 1.0 ha, se registró 300 especies diferentes y 600 plantas individuales, con DAP mayores a 10 cm [26]. La segunda parcela más rica en diversidad de especies en el mundo, está ubicada en Mishana, río Nanay, con 289 especies [26].

Los estudios de composición florística y estructura de la vegetación son fundamentales para planificar y desarrollar técnicas de conservación y uso sostenible de los ecosistemas y sus componentes, su conocimiento brinda una visión amplia de los mecanismos biológicos que allí se dan, [27], esencial para entender la dinámica de los bosques y los cambios inducidos por la actividad humana [28].

Lo anterior ratifica el valor de los inventarios florísticos para responder preguntas como: cuánta diversidad existe, composición florística, familias diversas, especies abundantes, dominantes, estructura, estratos, endemismo [29].

1.2.3 Complejidad florística

La complejidad florística es medida por el coeficiente de mezcla que refleja la proporción de la abundancia de las especies, refiriéndose al grado de intensidad de la mezcla de especies en una superficie dada [30]. En bosques amazónicos, el coeficiente de mezcla varía entre 1:3 y 1:4 [31]. El mismo autor, en Colombia identificó 1:7 como coeficiente de mezcla aproximado para esa área. El coeficiente de mezcla para el bosque primario en Tambo Quemado-Bolivia, fue de 1:6 [32].

La complejidad florística, es uno de los factores que limita el manejo rentable de los bosques [33]. Sin embargo, esta situación puede superarse a través de una agrupación de especies según el temperamento ecológico [34], y valor comercial [35], reduciendo la complejidad florística a través de tratamientos silviculturales.

1.2.4 Medición de la estructura

Los primeros intentos por describir la estructura de las comunidades boscosas, usaron modelos paramétricos, en términos de abundancia proporcional de cada especie, que describen la relación gráfica, entre el valor de importancia ecológicas de las especies en función al arreglo secuencial, por intervalos de las especies, de mayor a menor importancia; estos modelos, difieren en cuanto a las interpretaciones biológicas y estadísticas que asumen los datos [36,37].

1.2.4.1   Abundancia

La abundancia absoluta y relativa de las especies, es el número total de árboles pertenecientes a una determinada especie [38,23,11]. Participación del número de árboles por especie en porcentaje del número total de árboles inventariados en las parcelas.

1.2.4.2   Frecuencia

La frecuencia, absoluta y relativa, mide la regularidad y distribución horizontal de cada especie en el bosque o sea su distribución media. Para determinarla se divide el muestreo, (parcela), en un número conveniente de sub parcelas de igual tamaño entre sí. Controla la presencia o ausencia de las especies en cada sub parcela [38,23,11]. La frecuencia absoluta de una especie, se expresa en porcentaje de las sub parcelas en la que ocurre la especie, (número total de sub parcelas = 100%). Las frecuencias relativas, se calculan en base a la suma total de las frecuencias absolutas de un muestreo que se considera igual al 100%.

1.2.4.3   Dominancia

La dominancia, absoluta y relativa, o expansión horizontal de especies, "sección determinada en la superficie del suelo por el haz de proyección horizontal del cuerpo de la planta", o sea la proyección vertical de la copa de cada árbol [38,31]. Para salvar esta dificultad, se propone utilizar el área basal, expresado en m^2 [38], de los árboles en sustitución de la proyección de las copas [39,11], expresar así la dominancia de los árboles, es casi inaplicable en la mayoría de los bosques tropicales por la estructura compleja horizontal y vertical que le es propia.

1.2.4.4   Índice Valor de Importancia, (IVI)

El estudio de la abundancia, frecuencia y dominancia, revelan aspectos esenciales de la composición florística del bosque, pero siempre son enfoques parciales que en forma aislada suministran la información requerida de la estructura florística de la vegetación en conjunto y como tal. Un método para integrar abundancia, frecuencia y dominancia, consiste en el cálculo del Índice

Valor de Importancia propuesto, reuniendo así a las especies más importantes de una zona del bosque; el método para integrar estos tres aspectos es el IVI, se obtiene sumando para cada especie su abundancia, frecuencia y dominancia relativa, propuesto por Curtis y Mc-Intosh Mc-Intosh [38].

1.2.4.5   Estructura florística horizontal, (E_h)

La estructura horizontal de una población o de un bosque se puede describir mediante la distribución del número de árboles por clase diamétrica, siendo el área basal, un índice del grado de desarrollo o como un indicador de competencia de un bosque, pero también pueden reflejar el grado de intervención que ha ocurrido [23].

Desde un punto de vista silvicultural, la medida más importante de la organización horizontal es el área basal, que puede usarse como índice del grado de desarrollo o como indicador de competencia de un bosque, pero también pueden reflejar el grado de intervención que ha ocurrido [23]. Cada clase diamétrica indica el rango diamétrico, al cual se ha calculado el área basal de las plantas que determinan la estructura horizontal de un rodal.

1.2.4.6   Estructura florística vertical, (E_v)

Estructura florística vertical informa sobre la composición florística de los diferentes estratos del bosque en sentido vertical y del papel que juegan las diferentes especies en cada uno de ellos [23]. La estructura vertical de las cinco (05) parcelas está determinada por la distribución de los árboles por lo alto de su perfil [23].

En el bosque húmedo tropical es posible distinguir:

a) El estrato superior que abarca los árboles cuyas copas forman el dosel más alto del bosque.
b) El estrato medio que comprende los árboles cuyas copas se encuentran debajo del dosel más alto.
c) Estrato inferior: las copas de los árboles se encuentran en la mitad inferior del dosel.

Para determinar la posición sociológica (dosel) de los árboles, se tomó la siguiente escala: estrato superior, estrato medio y estrato inferior [19].

1.2.4.7   Complejidad florística, (C_f)

La complejidad florística, expresa la intensidad de mezcla de cada especie en el bosque, es decir el número de árboles por cada especie, que expresa la intensidad de mezcla de todas las parcelas evaluadas [23], porque en una comunidad vegetal compuesta de árboles, matas y a veces arbustos, que forman pocos estratos superpuestos [41].

1.2.4.8   Distribución diamétrica de especies

La estructura horizontal de una población o de un bosque se puede describir mediante la distribución del número de árboles por clase diamétrica y desde un punto de vista silvicultural, la medida más importante de la organización horizontal es el área basal, que puede usarse como índice del grado de desarrollo o como indicador de competencia de un bosque, pero también pueden reflejar el grado de intervención que ha ocurrido [23].

Con la finalidad de realizar comparaciones con otros estudios similares y de acuerdo a normas generales sobre normalización [75], para el estudio, se fijó un intervalo de clase ≥ a 10 cm que correspondiente al DAP [23].

Tabla N° 01: Clase diamétrica y Rango [23]

Clase diamétrica	Rango (cm)
I	10-14.9
II	15-19.9
III	20-24.9
IV	25-29.9
------	-----

1.2.4.9   Distribución por clase de altura

En base a estudios estructurales y florístas de un bosque amazónico, el número de árboles por clase de altura, se determinó mediante la fórmula desarrollada para la distribución del número de árboles por clase diamétrica a partir de 5 metros de altura, estructura vertical de 5 y 8 metros, estructura vertical media de 09 y 17 y estructura vertical superior de 18 y 25 metros de altura total, respectivamente [76,74].

1.3.   DEFINICIONES DE TÉRMINOS BÁSICOS

Composición florística: describe en términos de familias vegetales, géneros y especies a los individuos registrados durante la colecta de datos [42].

Bosque de terraza media: comunidad boscosa que se desarrollan sobre terrazas medias, ocasionalmente inundables, pudiendo pasar varios años sin que las aguas las alcancen [43].

Estructura del bosque: distribución de especies en tamaños y edades de un bosque; con crecimiento vertical (altura) y horizontal (diámetro) y sucesión arbórea; ecológicamente, está en directa relación con las fuerzas del medio ambiente, principalmente el clima, la fisiográfica y el suelo [44].

Estructura: Es un elemento o conjunto de elementos unidos entre sí, con la finalidad de soportar diferentes tipos de esfuerzos [47].

Estructura vertical: organización vertical de un bosque, con la distribución de las masas foliares en el plano vertical [45].

Estructura horizontal: Distribución de las características individuales, dentro del espacio de una superficie boscosa, relaciona con el tamaño, la ubicación y tipos de forma de vida [46].

Abundancia: número total de árboles pertenecientes a una determinada especie [23].

Frecuencia: distribución horizontal de cada especie, representado por la frecuencia absoluta, número de muestras donde se encuentra una especie y frecuencia relativa, frecuencia total de todas las especies [49].

Dominancia: mide la potencialidad productiva del bosque constituye un parámetro útil para la determinación de la calidad de sitio [9]. Representada por la dominancia absoluta, suma del área basal de los individuos pertenecientes a una especie y la dominancia relativa, valor expresado en porcentaje de la suma total de la dominancia absoluta [49].

Índice Valor de Importancia (IVI): suma para cada especie de su abundancia, frecuencia y dominancia [38,24].

Altura total: distancia vertical entre la base y el ápice del árbol [51].

Diámetro a la altura del pecho (DAP): diámetro de un árbol medido en un punto de referencia, por lo general a 1.3 m desde el suelo [52].

Área basal: superficie de la sección transversal a la altura del pecho [53].

Complejidad florística: Índice de diversidad que expresa la variedad de un bosque, es decir, una relación entre el número de especies y el número de individuos [54].

II. VARIABLES E HIPÓTESIS

2.1. Formulación de la hipótesis

2.1.1 General

Análisis estructural y composición florística de un bosque de terraza media, comunidad Puerto Almendra; permite estimar la importancia y potencialidades ecológicas de la zona.

2.1.2 Específicas:

- **Alterna**: El análisis estructural y composición florística de un bosque de terraza media, comunidad Puerto Almendra; permite estimar importancia y potencialidades ecológicas con especies forestales, perfeccionar lineamientos básicos para un manejo económico, integral y sostenible del bosque tropical.

- **Nula**: El análisis estructural y composición florística de un bosque de terraza media, comunidad Puerto Almendra; no permite estimar la importancia y potencialidades ecológicas con especies forestales, concluir con lineamientos básicos para un manej económico, integral y sostenible del bosque tropical.

2.2. Operacionalización de variables

2.2.1 Variables y su operacionalización

Las variables de interés, es el análisis estructural y composición florística de un bosque de terraza media, en parcelas y sub parcelas de especies forestales; siendo cuantitativa y continúa. Las variables de caracterización es el tipo de bosque de terraza media, siendo cuantitativas y nominales.

La siguiente tabla, consigna la operacionalización de las variables del trabajo de investigación.

Tabla N° 02: Variables y su operacionalización

Variable	Definición conceptual	Definición operacional	Indicador	Ítems	Instrumento
Variable de interés					
Estructura y composición florística de un bosque de terraza media.	Vegetación natural desconocido, pérdida de hábitats natural de flora y fauna silvestre por actividades antrópicas.	Análisis estadístico del I.V.I.	- Tipo de bosque - Estructura horizontal de especies - Estructura de vertical de especies	- Abundancia (%) - Frecuencia (%) - Dominancia (%) - Altuta total (m) - Diámetro (cm) - Coeficiente de mezcla.	Datos del Inventario, calculo estructura horizontal y vertical del bosque, composición floristica familias, generos y especies, formato.
Variables de caracterizacion					
Bosque de terraza media	Bosque con relieve plano, altura nivel de agua 5-10 m, pendientes 0 y 8 %, estructura vertical y horizontal de vegetación definida.	Se calculó número familias géneros y especies de la composición florística de un bosque de terraza media.	- Estructura y composición florística	- Número árboles - Número especies - Número de géneros - Número de familias	Formato de registro e inventario de especies forestales existentes en un bosque de terraza media.

III. METODOLOGÍA

3.1. Tipo y diseño de la investigación

Tipo no experimental, de orientación cuantitativa, explicativo, descriptiva, transversal y comparativo, establecido por el análisis de características estructurales y composición florística de especies forestales, de un bosque de terraza media; ubicados en la comunidad Puerto Almendra, San Juan Bautista, Loreto, Peru.

3.2.   Población y muestra

La población esta conformado por todos los árboles de las especies forestales en una hectarea (10 000 m²), cuyas coordenadas fueron P1: 3°50'26.00"S, 73°22'11.34"W, 112 msnm; P2: 3°50'43.66"S, 73°22'13.53"W, 114 msnm; P3: 3°50'40.00"S, 73°22'15.00"W, 106 msnm; P4: 3°50'38.00"S, 73°22'12.00"W, 106 msnm, individuos que cumplian con ≥ 10 cm de DAP; muestra representada por tres parcelas de 20 m x 100 m, dividido en nueve subparcelas de 20 m x 20 m, subdividido en 10 m x 10 m, 5 m x 5 m y 2 m x 2 m (0.6 has.), método de Whittaker, utilizado ampliamente en bosques amazónicos del Perú, para caracterizar la vegetación en inventarios forestales [81, 82, 80].

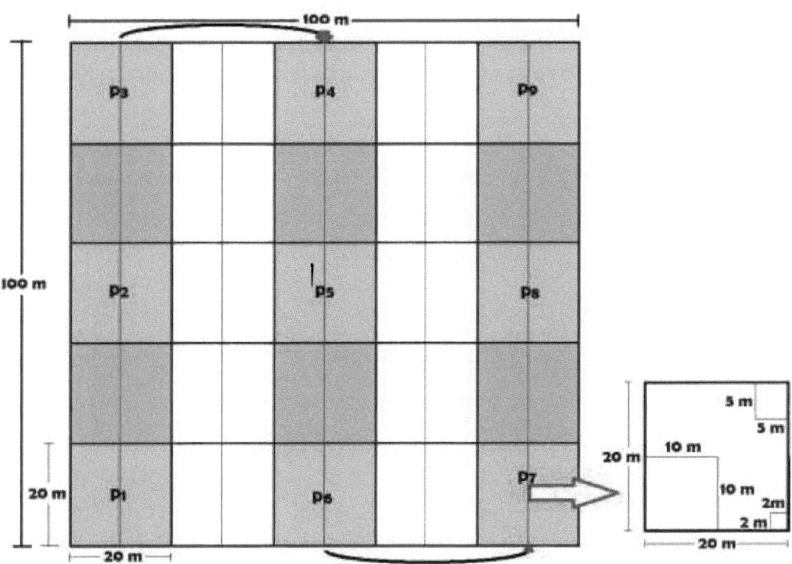

Ilustracion N° 01: Diseño de parcelas y subparcelas 20 m x 100 m (0.6 has.)

3.3.   Procedimientos de recolección de datos

Se obtuvo de fuentes primarias: datos o valores registrados en formato de campo: número de árboles por especie, parcelas y sub parcelas, diámetro y altura de cada árbol, medido a 1.30 m desde el suelo (DAP); secundarias, incluye documentos relacionados con el Índice Valor de Importancia, complementado con estructura horizontal y vertical, complejidad florística.

3.4.   Técnicas e instrumentos

3.4.1 Descripción general de la zona de estudio

La comunidad Puerto Almendra, ubicado al margen derecho del rio Nanay, afluente izquierdo del río Amazonas, a 22 km. de Iquitos en dirección Sur-

Oeste [67]. Geográficamente situados en coordenadas 3°49´48" S y 73°25'12" W; altitud aprox. 122 msnm; límites por el Norte, con terrenos fiscales que separa la margen derecha del rio Nanay, Almendra y Caño de la misma; Este, caserío Zungaro Cocha, Cocha del mismo nombre y terrenos baldíos; Oeste, con terrenos del caserío de Nina Rumi, Llanchama Cocha y terrenos baldíos [68]. Presenta clima tropical cálido y lluvioso, con alta humedad atmosférica entre 80% - 100%. Temperatura promedio anual entre 24°C y 26°C, y máximas entre 33°C y 36°C. Precipitacion, alcanzan de 2500 a 3000 mm. Suelo, comprende de tierra firme, terrenos no inundables, desarrollados a partir de depósitos aluviales más antiguos, incluye sedimentos depositados durante el Terciario y Cuaternario, así como de llanura aluvial, terrenos sujetos a inundaciones periódicas, debido a depósitos recientes de los rios Amazonas y sus tributarios, Itaya, Nanay y Tamshiyacu [57]. Ecológicamente, pertenece al tipo de bosque húmedo Tropical (bhT) [69]. Llegar a la comunidad Puerto Almendra, lo realizamos por dos medios de comunicación, teniendo como punto de referencia la ciudad de Iquitos: por carretera afirmada y via fluvial, río Nanay.

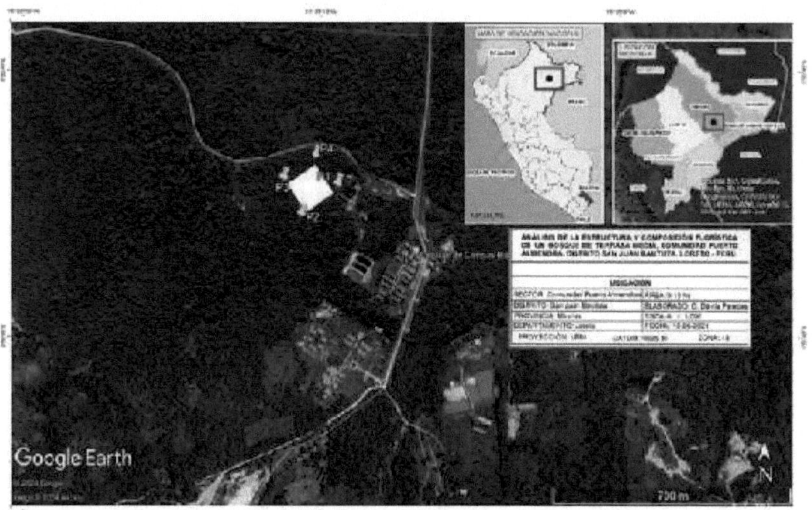

Ilustración N° 02: Ubicación del área de estudio.

► Materiales

De campo: Machetes, wincha, brújula suunto, cinta fosforescente, marcador indeleble, rafia, libreta de campo, clinómetro, tijera telescópica, subidor pata de gallo, GPS, jalones.

► De gabinete: Computadora PRODESK, Intel Core 7, vPro, calculadora científica Float, material de escritorio y bibliografía especializada.

3.4.2 Metodología

Ilustracion N° 03: Visita exploratoria y ubicación del área de estudio

El trabajo se inició con registro de los datos de campo, en formato elaborado por el autor: nombre común, nombre científico, DAP, altura total, (ANEXO N° 01), se consideró todas las especies ubicados dentro del bosque de terraza media, técnica del inventario forestal al 100%. Los instrumentos técnicos utilizados, fueron previamente calibrados y aceptados [66,67,17].

Ilustracion N° 04: Georreferenciacion, orientación y apertura de transectos

Para delimitar parcelas, se utilizó brújula SUUNTO, hilo pabilo y wincha de 50 metros, se trazó tres áreas rectangulares de 20 m x 100 m, dividido en cinco (05) sub parcelas (0.6 has). Númerado y marcado: cada árbol, fue numerado con un código secuencial (1, 2, 3, n...), el marcado fue con cinta fosforescente, mejor visión de la especie dentro del bosque. Medida del diámetro: con cinta diamétrica, se registró el DAP (≥ 10 a más cm), todos los individuos del área de estudio, a una altura de 1.30 m desde el suelo. Medida de altura: con vara telescópica de 4 m, se registró altura total de cada árbol, considerado, desde la base del fuste hasta el ápice.

Ilustracion N° 05: Codificacion y prensado de muestras botánicas colectadas

Se colectó tres (03) muestras por especie, fértiles o estériles, preservado con alcohol 50:50, colocado en bolsa de polietileno de 20 cm x 67 cm x 5 cm y trasladados al herbario Amazonense, Centro de Investigación de Recursos Naturales, de la Universidad Nacional de la Amazonia Peruana, para el secado de las muestras, fueron colocados en periódico usado, intercalados con cartón y aluminio corrugado, amarrado en forma de pila, sometido a un secador de resistencia eléctrica, temperatura de 60°, durante 24 horas y; la identificación, fue mediante comparación con exssicatas depositados en el AMAZ, claves de identificación, bibliografía especializada y, el apoyo del personal especializado del Herbario Amazonense - AMAZ [70,71].

3.5. Técnicas de procesamientos y análisis de datos

Los datos, fueron registrados en una base de datos del programa Microsoft Excel 2011.

El análisis e interpretación de datos, fueron procesados cuantitativamente por medio de estadística descriptiva, presentados en tablas, gráficos e ilustraciones, de abundancia relativa ($A_\%$), frecuencia relativa ($F_\%$), dominancia relativa ($D_\%$), expresado mediante el Índice Valor de Importancia, IVI [39] y, complejidad florística; complementado con estructura vertical y horizontal de las especies forestales representativas de la zona, personalizados con un diagrama del perfil del bosque, donde se muestra, posición sociológica (dosel) de los arboles evaluados [40].

3.5.1 Parámetros Calculados

▶ Estructura horizontal, (E_h)

Para la composición florística de la parcela en estudio, se confeccionó el cuadro de la vegetación, estimando el peso ecológico de las especies dentro del bosque, mediante la determinación de los valores absolutos y relativos de abundancia, frecuencia y dominancia, sumado para el índice valor de importancia ecológica de las familias, especies y área basal [74].

Abundancia absoluta, (A_a)

Expresa el número total de individuos de las especies.

$$A = \sum n_i$$

Donde:
n: árboles de una misma especie.

Abundancia relativa, ($A_\%$)

Indica la participación de los individuos de cada especie en porcentaje.

$$A\% = \dfrac{A}{\sum t} \times 100$$

Donde:

$A\%$ = abundancia absoluta total de árboles inventariados.
$\sum t$ = sumatoria total de árboles de todas las especies.

Frecuencia absoluta, (F_a)

$$F_a = \dfrac{N°_{sp}}{N°_{tsp}} \times 100$$

Donde:

$N°_{sp}$: número total de sub parcelas en que ocurre una determinada especie.
$N°_{tsp}$: total de sub parcelas que fue dividida la parcela.

Frecuencia relativa ($F\%$)

Se consideró el número de subparcelas donde ocurre la especie.

$$F\% = \dfrac{F_a}{\sum tF} \times 100$$

Donde:

F_a = frecuencia absoluta.
$\sum tF$ = suma total de frecuencias absolutas de todas las especies.

Dominancia absoluta (D_a)

Suma total de las áreas basales de los individuos de todas las especies.

$$D_a = \sum ab$$

Donde:

Ab = área basal, en m^2, de los árboles de una misma especie.

Dominancia relativa, ($D\%$)

Es el valor expresado en porcentaje de la dominancia absoluta.

$$D\% = \dfrac{D_a}{\sum tab} \times 100$$

Donde:

D_a = dominancia absoluta.
$\sum tab$ = suma total del área basal de todas las especies.

Índice Valor de Importancia, (IVI)

$$IVI = A_\% + F_\% + D_\%$$

Donde:
$A_\%$ = abundancia relativa.
$F_\%$ = frecuencia relativa.
$D_\%$ = dominancia relativa.

► Estructura florística vertical, (E$_v$)

Posicion Sociológica

Se determinó, teniendo como base, la proyección de la curva de clase de altura total versus el número de individuos, con la siguiente escala [19].

Tabla N° 03: Posicion Sociólogia [19]

Estrato Inferior (EI)	inferior a 1/3 de la máxima altura
Estrato Medio (EM)	entre 1/3 y 2/3 de la máxima altura
Estrato Superior (ES)	superior a 2/3 de la máxima altura

Este procedimiento, significa el valor numérico simplificado del porcentaje del número de árboles que corresponde a cada estrato, en relación al total general de los árboles de todos los estratos del bosque [77,78].

$$\text{Piso } X = \frac{\text{N° árboles del piso} \times 100}{\text{N° total de árboles}}$$

Se elaboró un diagrama, perfil de 3 parcelas, de 20 m x 100 m, usando el método descrito por el autor.

► Complejidad Florística, (C$_f$)

Se evaluó mediante el Cociente de Mezcla (CM), que indica intensidad de mezcla del bosque, expresado como el cociente entre el número de especies (N_{sp}) y el número de individuos (N_{ind}) [54]. Se utilizó la siguiente fórmula:

$$C_f = (N_{sp}) / (N_{árbs})$$

Donde:
(N_{sp}) = número de especies.
($N_{árbs}$) = número total de árboles.

► Distribución diamétrica de especies

La estructura horizontal de una población o de un bosque, puede describir mediante la distribución del número de árboles por clase diamétrica. Desde el punto de vista silvicultural, la medida más importante de la organización horizontal es el área basal, usado como índice del grado de desarrollo o indicador de competencia de un bosque [23].

Para el cálculo del área basal de cada árbol, utilizamos la formula:

$$ab = 0{,}7844 \times (dap)^2$$

DAP = Diámetro a la altura del pecho.

▶ Distribución por clase de altura

Se determinó por el número de árboles por clase de altura, se calculó mediante la fórmula desarrollada por la distribución del número de árboles por clase diamétrica, a partir de 5 m a mas de altura total, ≥ 10 cm de dap, a 1.30 metros del suelo [76,74].

3.6.　Aspectos éticos

Rige criterios y confiabilidad del trabajo, se consideró auditabilidad, comprende un conjunto de actividades, del investigador y asesor, con responsabilidad, logrando que este trabajo, se desarrolle dentro de estándares académicos y un consenso cuantitativo de la investigacion; protegiendo y respetando la conducta humana, de manera directa e indirecta, así como la privacidad, confidencialidad y el consentimiento de todos quienes participaron.

IV.　RESULTADOS

4.1.　Parcela N° 1

4.1.1 Abundancia, absoluta y relativa

Fueron inventariados un total de 40 árboles, pertenecientes a 11 familias, 16 géneros y 21 especies forestales diferentes.

Los árboles locales más abundantes, fueron: *Ecclinusa lanceolata* (Mart. & Eichl.) Pierre, "caimitillo", 06 árboles, (15.0% del total); *Parkia velutina* Benoist, "pashaco", 6 árboles, (15.0% del total); *Sloanea guianensis* (Aubl.) Benth., "casha huayo", 04 árboles, (10.0%). Estas 03 especies, sumaron 16 árboles, representaban el 40.0% del total registrado. (Tabla N° 04 y Gráfica N° 01).

Tabla N° 04. Abundancia absoluta y relativa, especies forestales más representativas del lugar

	ABUNDANCIA		
Nombre Científico	Nombre Común	absol	relat (%)
Ecclinusa lanceolata	"caimitillo"	6	15
Parkia velutina	"pashaco"	6	15
Sloanea guianensis	"casha huayo"	4	10
	sub total	16	40

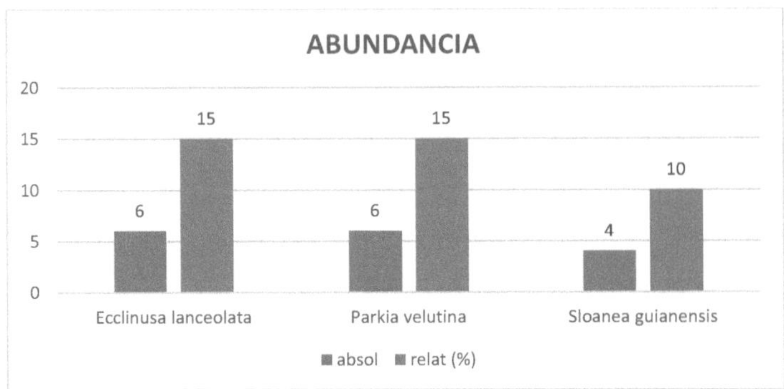

Gráfico N° 01. Abundancia absoluta y relativa, de especies forestales más representativas del lugar

4.1.2 Frecuencia, absoluta y relativa

Se evaluó frecuencia, dividiendo en 1 sub parcela.

Los 21 árboles locales, cada uno presentaron, un valor de Frecuencia absoluta 1 y relativa, 4.55%. (Tabla N° 05 y Gráfica N° 02).

Tabla N° 05. Frecuencia, absoluta y relativa, de las especies forestales más representativas del lugar

	FRECUENCIA		
Nombre Científico	Nombre Común	absol (N°)	relat (%)
Ecclinusa lanceolata	"caimitillo"	1	4.55
Parkia velutina	"pashaco"	1	4.55
Sloanea guianensis	"casha huayo"	1	4.55
sub total		3	13.64
Total		21	100

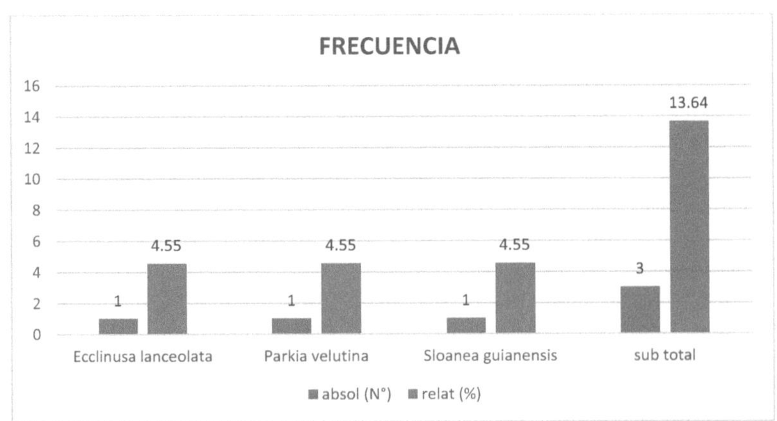

Gráfico N° 02. Frecuencia absoluta y relativa, de las especies forestales más representativas del lugar

4.1.3 Dominancia, absoluta y relativa

Referido al área basal de cada uno de los 40 árboles, pertenecientes a 23 especies forestales locales diferentes.

Las especies con mayor dominancia, absoluta y relativa, fueron, *Ecclinusa lanceolata* (Mart. & Eichl.) Pierre; "caimitillo", con, 0.25 m², 16.93% del total; seguido por *Parkia velutina* Benoist; "pashaco", con, 0.14 m², (9.79%); *Sloanea guianensis* (Aubl.) Benth.; "casa huayo", 0.11 m², (7.50%). Estas 03 especies locales sumaron un total de 1.46 m² área basal, representó 34.21% del total. (Tabla N° 06 y Gráfica N° 03).

Tabla N° 06. Dominancia, (m²), absoluta y relativa, de las especies forestales más representativas del lugar

Nombre Científico	DOMINANCIA Nombre Común	Absol (m²)	Relat (%)
Ecclinusa lanceolata	"caimitillo"	0.25	16.93
Parkia velutina	"pashaco"	0.14	9.79
Sloanea guianensis	"casha huayo"	0.11	7.50
sub total		0.50	34.21
Total		1.46	100

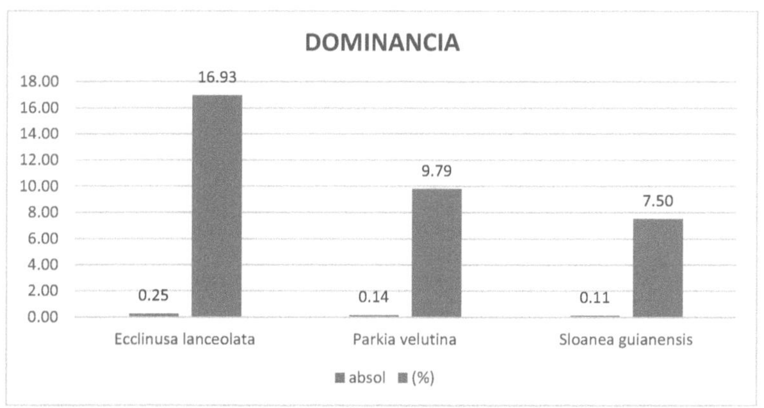

Gráfico N° 03. Dominancia, (m²), absoluta y relativa de las especies forestales más representativas del lugar

4.1.4 Índice Valor de Importancia, (IVI)

Fueron calculadas 23 especies forestales diferentes, agruparon a un total de 40 árboles.

Las especies con mayor IVI fueron: *Ecclinusa lanceolata* (Mart. & Eichl.) Pierre, "caimitillo", con 36.48, (12.16%) del total; *Parkia velutina* Benoist, "pashaco", con 29.33, (9.78%); *Sloanea guianensis* (Aubl.) Benth., "casha huayo", 22.04, (7.35%). Estas 03 especies, sumaron un total de 87.85, representó el 29.28% del total, (Tabla N° 07 y Gráfica N° 04).

Tabla N° 07. Índice Valor de Importancia, (IVI), de las especies forestales más representativas del lugar

Nombre Científico	Nombre comun	IVI absol IVI al 300%	Relat (%) IVI al 100%
Ecclinusa lanceolata	"caimitillo"	36.48	12.16
Parkia velutina	"pashaco"	29.33	9.78
Sloanea guianensis	"casha huayo"	22.04	7.35
sub total		87.85	29.28

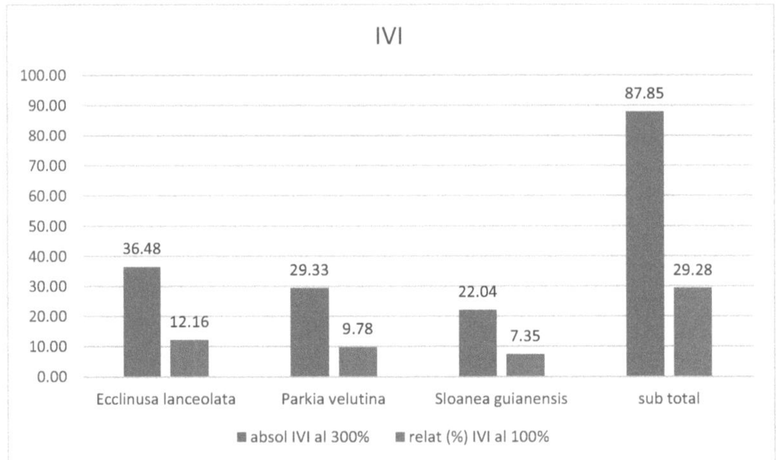

Gráfico N° 04. Índice Valor de Importancia, (IVI), de las especies forestales más representativas del lugar

Tabla N° 08. Índice valor de importancia, (IVI), total de especies forestales más representativas del lugar

Familia	Nombre Científico	Nombre común	IVI al 300%	IVI al 100%
Sapotaceae	Ecclinusa lanceolata	caimitillo	36.48	12.16
Fabaceae	Parkia velutina	pashaco	29.33	9.78
Elaeocarpaceae	Sloanea guianensis	casha huayo	22.04	7.35
Araliaceae	Dendropanax umbellatus	fosforo caspi	18.66	6.22
Urticaceae	Pourouma tomentosa	sacha uvilla	18.5	6.17
Lauraceae	Ocotea aciphylla	canela moena	18.14	6.05
Euphorbiaceae	Hevea pauciflora	shiringa	17.13	5.71
Moraceae	Ficus guianensis	renaco	13.46	4.49
Lecythidaceae	Eschweilera coriacea	machimango negro	11.81	3.94
Fabaceae	Inga tessmannii	shimbillo	11.81	3.94
Lauraceae	Ocotea argyrophylla	moena hoja marron	10.13	3.38
Lauraceae	Ocotea gracilis	moena sin olor	9.784	3.26
Lauraceae	Ocotea myriantha	garza moena	9.41	3.14
Elaeocarpaceae	Sloanea durissima	casha huayo	8.821	2.94

Euphorbiaceae	Hyeronima oblonga	raton caspi de altura	8.613	2.87
Lauraceae	Ocotea oblonga	shicshi moena	8.188	2.73
Lauraceae	Anaueria brasiliensis	añuje rumo	8.157	2.72
Lauraceae	Ocotea olivacea	moena amarilla	8.052	2.68
Burseraceae	Protium altsonii	copal	8.008	2.67
Fabaceae	Swartzia benthamiana	acero shimbillo	8.008	2.67
Myristicaceae	Iryanthera juruensis	cumalilla colorada	7.843	2.61
Fabaceae	Hymenolobium nitidum	mari mari	7.625	2.54
		Total	**300**	**100**

4.1.5 Complejidad Florística

Complejidad Florística de la zona evaluada fue 1/1, es decir, que por cada especie existía 1 árboles. (Tabla N° 09 y Grafico N° 05).

Tabla N° 09. Complejidad Florística de las especies forestales más importante del lugar

Número de Especies	1
Número de árboles	1
COMPLEJIDAD FLORISTICA	1/1

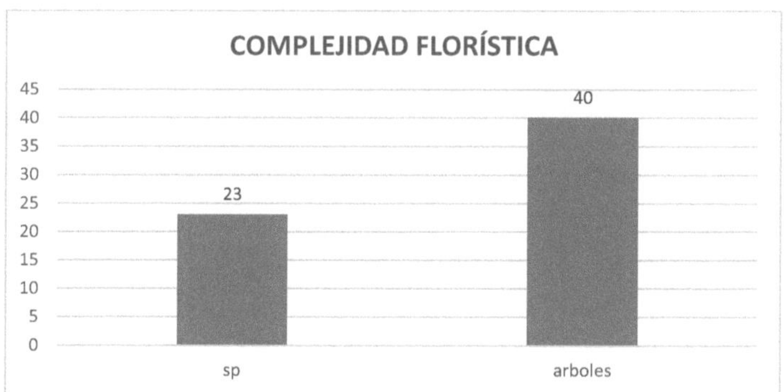

Gráfico N° 05. Complejidad Florística, (CF), de las especies forestales más representativas del lugar

4.1.6 Análisis de la estructura horizontal (Eh)

Referido al diámetro de 40 árboles, distribuidos en grupos de clases diamétricas, rangos de 5 cm a partir de 10 cm de dap, a 1.30 m del suelo.

La clase diamétrica I, entre 10 cm y 14.9 cm de dap, fueron inventariados 13 árboles, (32.5%). Cuantitativamente mayor, destacaron, con 1 árbol: *Sloanea guianensis* (Aubl.) Benth., "casha huayo", 14.8 cm; *Ocotea oblonga* (Meisn.) Mez, "shicshi moena", 14.6 cm; *Parkia velutina* Benoist, "pashaco", 14.5 cm.
La clase diamétrica II, entre 15 cm y 19.9 cm de dap, fueron inventariados 09 árboles, (22.5%). Cuantitativamente mayor, destacaron con 1 árbol: *Ecclinusa lanceolata* (Mart. & Eichl.) Pierre, "caimitillo", 19.0 cm; *Hevea pauciflora*

(Spruce ex Benth.) Müll. Arg., "shiringa", 19.5 cm; *Hevea pauciflora* (Spruce ex Benth.) Müll. Arg., "shiringa", 19.7 cm.

La clase diamétrica III, entre 20 cm y 24.9 cm de dap, fueron inventariados 08 árboles, (20.0%). Cuantitativamente mayor destaco, con 1 árbol: *Ocotea argyrophylla* Ducke, "moena hoja marron", 24.0 m.
En la clase diamétrica IV, entre 25 cm y 29.9 cm de dap, fueron inventariados 07 árboles, (17.5%). Cuantitativamente mayor, 1 árbol, destacó: *Eschweilera coriacea* (A. DC.) S. A. Mori, "machimango negro", 29.80 cm; *Inga tessmannii* Harms, "shimbillo", 29.80 cm y *Ecclinusa lanceolata* (Mart. & Eichl.) Pierre, "caimitillo", 29.28 cm.

En la clase diamétrica V, entre 30 cm y 34.9 cm de dap, fueron inventariados 02 árboles, (5%), destacaron con 1 árbol: *Pourouma tomentosa* Mart., "sacha uvilla", 30.5 cm y *Ficus guianensis* Desv., "renaco", 34 cm.

En la clase diamétrica VI, entre 35 cm y 39.9 cm de dap, fue inventariado 01 árbol, (2%), destaco con 1 árbol: *Ocotea aciphylla* (Nees) Mez, "canela moena", 46 cm (Tabla N° 10 y Grafica N° 06).

Tabla N° 10. Estructura horizontal, (Eh), de especies forestales más representativas del lugar

	CLASE DIAMETRICA (cm)	ARBOLES N°	(%)
I	10-14.9	13	32,5
II	15-19.9	9	22,5
III	20-24.9	8	20,0
IV	25-29.9	7	17,5
V	30-34.9	2	5,0
VI	35-39.9	1	2,5
		40	100

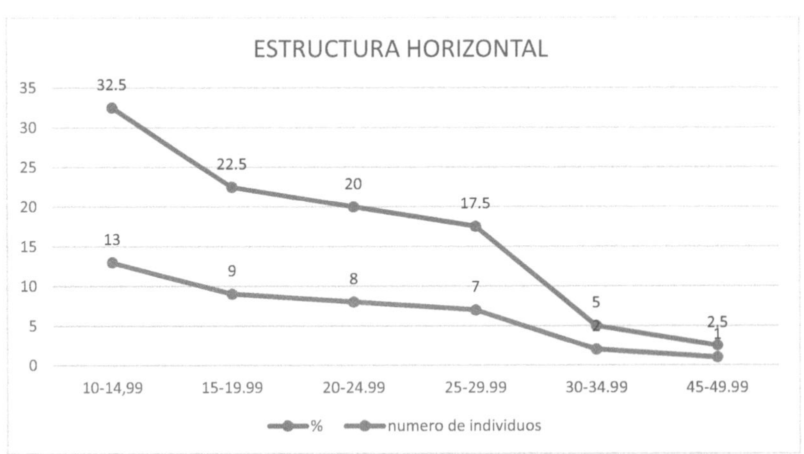

Gráfico N° 06. Estructura horizontal, de especies forestales más representativas del lugar

4.1.7 Analisis de la estructura vertical (Ev)

Referido a la altura de 40 árboles, reunidos en 21 especies forestales diferentes, distribuidos en tres (03) estratos: inferior (< 9 m), medio (10-15 m) y superior (> 15).

Presentaron estructura vertical inferior, (EVI), menor a 9 metros de altura total, 05 árboles, (12.5%) reunidos en 05 especies diferentes; destacaron, *Sloanea durissima*, "casa huayo", 01 árbol, 18.2 m de altura; *Anaueria brasiliensis*, "añuje rumo", 01 árbol, 14.4 m de altura.

Presentaron estructura vertical media, (EVM), entre 09 y 15 metros de altura total, 22 árboles, (55.0%), reunidos en 14 especies forestales diferentes; destacaron, entre otras, *Ecclinusa lanceolata* (Mart. & Eichl.) Pierre, "caimitillo", 01 árbol, 29.8 m altura; *Parkia velutina*, "pashaco", 01 árbol, 22.2 m altura; *Dendropanax umbellatus*, "fosforo caspi", 01 árbol, 20.4 m de altura.

Presentaron estructura vertical superior, (EVS), mayor a 15 metros de altura, 13 árboles, (32.50%), reunidos en 11 especies forestales diferentes; destacaron, entre otras, *Ocotea aciphylla*, "canela moena", 01 árbol; *Ficus guianensis*, "renaco", 01 árbol; *Pourouma tomentosa*, "sacha uvilla" (Tabla N° 11 y Grafica N° 07).

Tabla N° 11. Estructura vertical, (Ev), de las especies forestales más representativas del lugar

E.V.	RANGO DE ALTURA TOTAL (m)	ARBOLES N°	(%)
INFERIOR	< 8	5	12.5
MEDIO	9-15	22	55.0
SUPERIOR	> 16	13	32.5
		40	100

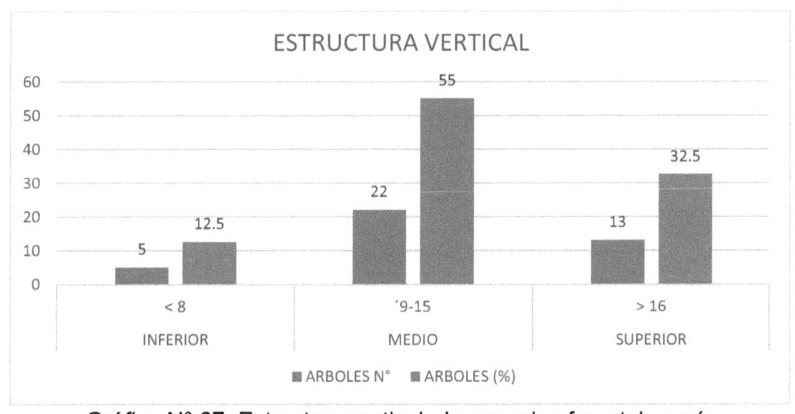

Gráfico N° 07. Estructura vertical, de especies forestales más representativas del lugar

Tabla N° 12: Analisis de la estructura horizontal y vertical de las especies forestales más representativas del lugar

Familia	Nombre Científico	Nombre Comun	d (cm)	cd	h	ca
Lecythidaceae	Eschweilera coriacea	machimango negro	29.8	25-29,99	16	15-19.99
Urticaceae	Pourouma tomentosa	sacha uvilla	27.2	25-29,99	19	15-19.99
Urticaceae	Pourouma tomentosa	sacha uvilla	30.5	30-34,99	19	15-19.99
Lauraceae	Ocotea olivacea	moena amarilla	13.7	10-14,99	11	10-14.99
Fabaceae	Parkia velutina	pashaco	12.8	10-14,99	10	10-14.99
Araliaceae	Dendropanax umbellatus	fósforo caspi	11.9	10-14,99	7	5-9.99
Elaeocarpaceae	Sloanea guianensis	casha huayo	26.0	25-29,99	15	15-19.99
Sapotaceae	Ecclinusa lanceolata	caimitillo	16.3	15-19,99	12	10-14.99
Fabaceae	Parkia velutina	pashaco	21.4	20-24,99	17	15-19.99
Araliaceae	Dendropanax umbellatus	fósforo caspi	26.0	25-29,99	11	10-14.99
Lauraceae	Ocotea argyrophylla	moena hoja marrón	24.0	20-24,99	15	15-19.99
Fabaceae	Parkia velutina	pashaco	22.2	20-24,99	14	10-14.99
Fabaceae	Swartzia benthamiana	acero shimbillo	13.4	10-14,99	6	5-9.99
Lauraceae	Ocotea aciphylla	canela moena	45.5	45-49,99	22	20-24.99
Euphorbiaceae	Hevea pauciflora	shiringa	13.4	10-14,99	9	5-9.99
Araliaceae	Dendropanax umbellatus	fósforo caspi	20.4	20-24,99	15	15-19.99
Fabaceae	Parkia velutina	pashaco	15.0	15-19,99	14	10-14.99
Sapotaceae	Ecclinusa lanceolata	caimitillo	26.3	25-29,99	17	15-19.99
Sapotaceae	Ecclinusa lanceolata	caimitillo	19.0	15-19,99	12	10-14.99
Fabaceae	Parkia velutina	pashaco	14.5	10-14,99	15	15-19.99
Elaeocarpaceae	Sloanea guianensis	casha huayo	14.8	10-14,99	11	10-14.99
Myristicaceae	Iryanthera juruensis	cumalilla colorada	12.2	10-14,99	13	10-14.99
Sapotaceae	Ecclinusa lanceolata	caimitillo	22.5	20-24,99	11	10-14.99
Fabaceae	Inga tessmannii	shimbillo	29.8	25-29,99	18	15-19.99
Euphorbiaceae	Hevea pauciflora	shiringa	19.7	15-19,99	14	10-14.99
Sapotaceae	Ecclinusa lanceolata	caimitillo	21.1	20-24,99	18	15-19.99
Elaeocarpaceae	Sloanea durissima	cepanchina	18.2	15-19,99	9	5-9.99
Lauraceae	Ocotea oblonga	shicshi moena	14.6	10-14,99	14	10-14.99
Fabaceae	Parkia velutina	pashaco	16.6	15-19,99	14	10-14.99
Elaeocarpaceae	Sloanea guianensis	casha huayo	18.7	15-19,99	14	10-14.99
Fabaceae	Hymenolobium nitidum	mari mari	10.4	10-14,99	13	10-14.99
Euphorbiaceae	Hevea pauciflora	shiringa	19.5	15-19,99	16	15-19.99
Lauraceae	Anaueria brasiliensis	añuje rumo	14.4	10-14,99	9	5-9.99
Lauraceae	Ocotea myriantha	garza moena	21.0	20-24,99	17	15-19.99
Moraceae	Ficus guianensis	renaco	34.6	30-34,99	23	20-24.99
Burseraceae	Protium altsonii	copal	13.4	10-14,99	14	10-14.99
Euphorbiaceae	Hyeronima oblonga	raton caspi de altura	17.1	15-19,99	16	15-19.99
Elaeocarpaceae	Sloanea guianensis	casha huayo	12.4	10-14,99	13	10-14.99
Lauraceae	Ocotea gracilis	moena sin olor	22.6	20-24,99	16	15-19.99
Sapotaceae	Ecclinusa lanceolata	caimitillo	29.8	25-29,99	15	15-19.99

Leyenda: diametro (d), clase diamétrica (cd), altura (h), clase altimétrica (ca).

4.2. Parcela N° 02

4.2.1 Abundancia absoluta y relativa

Fueron inventariados un total de 32 árboles, pertenecientes a 13 familias, 18 géneros y 20 especies diferentes.

Las especies locales más abundantes, fueron: *Parkia velutina* Benoist, "pasaco", 04 árboles, (12.5%); *Ocotea myriantha* (Meisn.) Mez, "garza moena", 04 árboles, (12.5%); *Sloanea guianensis* (Aubl.) Benth., "casa huayo", 03 árboles, (9.4%), del total. Estas 03 especies sumaron un total de 11 árboles, representaban al 34.4% del total. (Tabla N° 13 y Gráfica N° 08).

Tabla N° 13. Abundancia absoluta y relativa, de especies forestales mas representativas del lugar

Nombre Científico	Nombre comun	ABUNDANCIA absol (N°)	relat (%)
Parkia velutina	"pashaco"	4	12.5
Ocotea myriantha	"garza moena"	4	12.5
Sloanea guianensis	"casha huayo"	3	9.4
sub total		11	34.4
Total		32	100

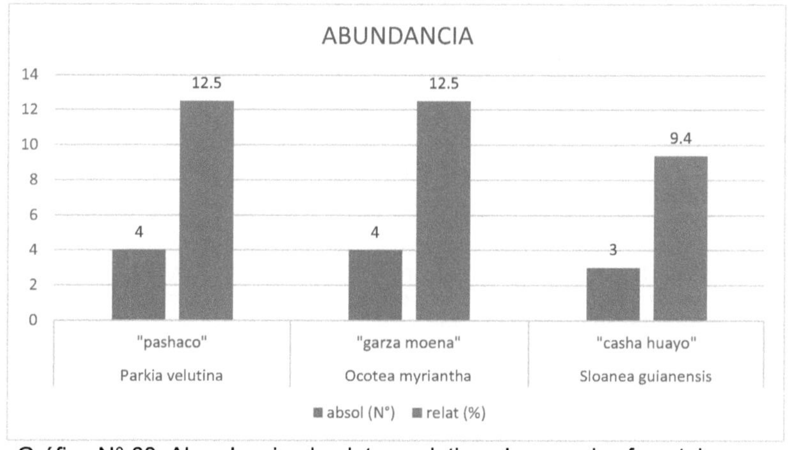

Gráfico N° 08. Abundancia absoluta y relativa, de especies forestales mas representativas del lugar

4.2.2 Frecuencia, absoluta y relativa

Se evaluó la frecuencia, en 03 parcelas, dividido en 1 sub parcela (0.6 ha.).

Las 20 especies forestales, presentaron cada uno, un valor de frecuencia absoluta 1 y relativa, 4.76% del total. (Tabla N° 14 y Gráfica N° 09).

Tabla N° 14. Frecuencia absoluta y relativa, de especies forestales más representativas del lugar

Nombre Científico	FRECUENCIA		
	Nombre Común	absol (N°)	relat (%)
Parkia velutina	"pashaco"	1	4.76
Ocotea myriantha	"garza moena"	1	4.76
Sloanea guianensis	"casha huayo"	1	4.76
		3	14.29
		32	100

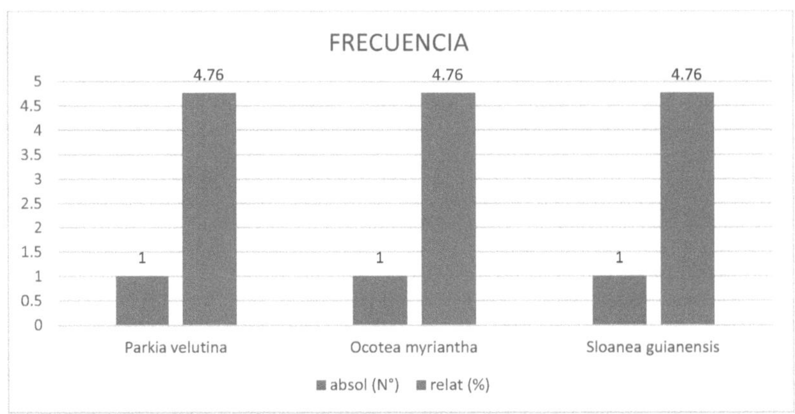

Gráfico N° 09. Frecuencia absoluta y relativa, de especies forestales más representativas del lugar

4.2.3 Dominancia, absoluta y relativa

Referido al área basal de 32 árboles, pertenecientes a 20 especies locales diferentes.

Las especies con mayor dominancia absoluta y relativa, fueron, *Parkia velutina* Benoist, "pashaco", 0.2 m^2, (27.5%); *Ocotea myriantha* (Meisn.) Mez, "garza moena", con, 0.1 m^2, (8.4%); seguido de *Sloanea guianensis* (Aubl.) Benth., "casha huayo", 0.1 m^2, (6.2%). Estas 03 especies forestales locales, sumaron un total de 0.4 m^2 de área basal, que representaba el 42.1% del total. (Tabla N° 15 y Gráfica N° 10).

Tabla N° 15. Dominancia, (m^2), absoluta y relativa de las especies forestales más representativas del lugar

Nombre Científico	DOMINANCIA		
	Nombre comun	absol (m^2)	relat (%)
Parkia velutina	"pashaco"	0.2	27.5
Ocotea myriantha	"garza moena"	0.1	8.4
Sloanea guianensis	"casha huayo"	0.1	6.2
sub total		0.4	42.1
Total		0.8	100

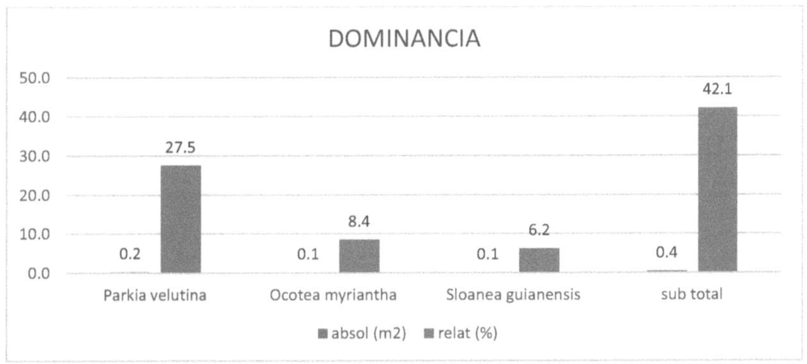

Gráfico N° 10. Dominancia, (m²), absoluta y relativa de las especies forestales más representativas del lugar

4.2.4 Índice Valor de Importancia, (IVI)

Fueron calculado 20 especies locales diferentes que agruparon un total de 32 árboles.

Las especies con mayor IVI fueron, *Parkia velutina* Benoist, "pashaco", 35.4, (11.8%); *Ocotea myriantha* (Meisn.) Mez, "garza moena", 25.7, (8.6% del total); *Sloanea guianensis* (Aubl.) Benth., "casha huayo", 23.4, (7.8%). Estas 03 especies, sumaron un total de 84.5, representaban el 28.2% del total, (Tabla N° 16 y Gráfica N° 11).

Tabla N° 16. Índice Valor de Importancia, (IVI), de las especies forestales más representativas del lugar

	IVI		
Nombre Científico	Nombre comun	IVI al 300%	IVI al 100%
Parkia velutina	"pashaco"	35.4	11.8
Ocotea myriantha	"garza moena"	25.7	8.6
Sloanea guianensis	"casha huayo"	23.4	7.8
sub total		84.5	28.2

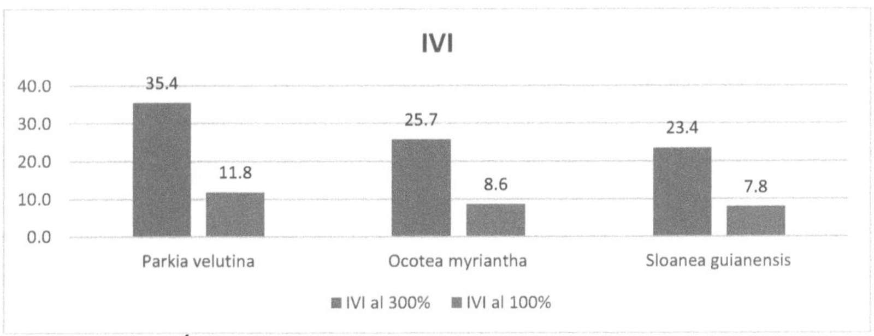

Gráfico N° 11. Índice Valor de Importancia, (IVI), de las especies forestales más representativas del lugar

Tabla N° 17. Indice valor de importancia (IVI) total, de especies forestales mas representativas del lugar

Familia	Nombre Científico	Nombre Común	IVI al 300%	IVI al 100%
Humiriaceae	Sacoglottis amazonica Mart.	loro shungo	35.42	11.81
Lauraceae	Ocotea myriantha (Meisn.) Mez	garza moena	25.70	8.57
Fabaceae	Parkia velutina Benoist	pashaco	23.42	7.81
Elaeocarpaceae	Sloanea guianensis (Aubl.) Benth.	casha huayo	20.31	6.77
Lauraceae	Nectandra paucinervia Coe-Teix.	moena	18.60	6.20
Annonaceae	Xylopia cuspidata Diels	tortuga caspi	18.11	6.04
Sapotaceae	Ecclinusa lanceolata (Mart. & Eichl.) Pierre	caimitillo	13.67	4.56
Fabaceae	Macrolobium microcalyx Ducke	santo caspi	13.03	4.34
Lecythidaceae	Eschweilera parvifolia Mart. ex A. DC.	machimango negro	12.81	4.27
Urticaceae	Pourouma mollis Trécul	sacha uvilla	12.07	4.02
Burseraceae	Protium ferrugineum (Engl.) Engl.	copal colorado	11.87	3.96
Fabaceae	Swartzia klugii (R.S. Cowan) Torke	sacha cumaceba	11.61	3.87
Lauraceae	Ocotea gracilis (Meisn.) Mez	moena sin olor	10.39	3.46
Meliaceae	Guarea macrophylla Vahl	requia	9.87	3.29
Lauraceae	Ocotea bracteosa (Meisn.) Mez	canela moena	9.58	3.19
Myristicaceae	Iryanthera paraensis Huber	cumalilla	9.23	3.08
Melastomataceae	Miconia symplectocaulos Pilg.	caracha caspi	8.97	2.99
Urticaceae	Cecropia latiloba Miq.	cetico blanco	8.89	2.96
Lauraceae	Beilschmiedia sp.	canela moena	8.82	2.94
Araliaceae	Dendropanax umbellatus (Ruiz & Pav.) Decne. & Planch.	fosforo caspi	8.82	2.94
Lecythidaceae	Eschweilera coriacea (A. DC.) S. A. Mori	machimango negro	8.82	2.94
		Total	**300**	**100**

4.2.5 Complejidad Florística, (CF)

Complejidad Florística de la zona evaluada fue 1/1, es decir que por cada especie existía 1 árbol. (Tabla N° 18 y Grafica N° 12).

Tabla N° 18. Complejidad Florística de las especies forestales mas representativas del lugar

Número de Especies	1
Número de árboles	1
COMPLEJIDAD FLORISTICA	1/1

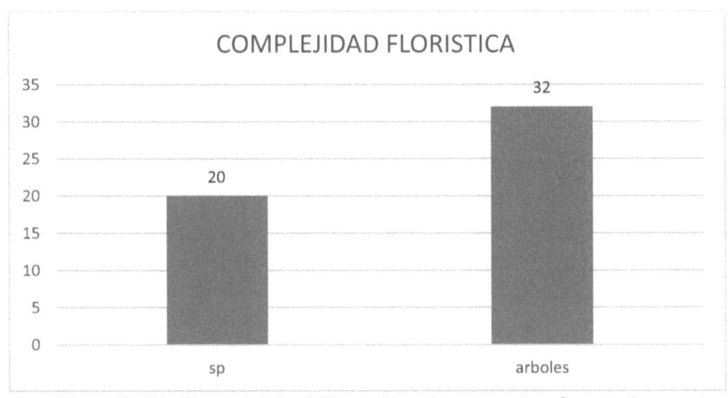

Gráfico N° 12. Complejidad Florística de especies forestales mas representativas del lugar

4.2.6 Análisis de la estructura horizontal

Referido al diámetro de cada uno de los 32 árboles, distribuidos en grupos de clases diamétricas, en rangos de 5 cm a partir de 10 cm de dap, a 1.30 metros del suelo.

La clase diamétrica I, entre 10 cm y 14.9 cm de dap, fueron inventariados 19 árboles, (59.38%). Cuantitativamente mayor, destacaron, con 1 árbol, *Guarea macrophylla* Vahl, "requia", 14.6 cm; *Ocotea myriantha* (Meisn.) Mez, "garza moena", 14.3 cm.

La clase diamétrica II, entre 15 cm y 19.9 cm de dap, fueron inventariados 05 árboles, (15.63%). Cuantitativamente mayor, destacaron, con 1 árbol, *Sloanea guianensis* (Aubl.) Benth., "casa huayo", 18.5 cm; *Ocotea myriantha* (Meisn.) Mez, "garza moena", 18.3 cm.

La clase diamétrica III, entre 20 cm y 24,9 cm de dap, fueron inventariados 05 árboles, (15.63%). Cuantitativamente mayor destacaron, con 1 árbol, *Macrolobium microcalyx* Ducke, "santo caspi", 23.50 cm; *Eschweilera parvifolia* Mart. ex A. DC., "machimango", 23.00 cm.

La clase diamétrica IV, entre 25 cm y 29.9 cm de dap, fueron inventariados 02 árboles, (6.25%). Cuantitativamente mayor, destacaron, con 1 árbol, *Ocotea myriantha* (Meisn.) Mez, "garza moena", 26.00 cm; *Xylopia cuspidata* Diels, "espintanilla hoja ancha", 25.50 cm.

La clase diamétrica IX, entre 50 cm y 54.9 cm de dap, fue inventariado 01 árbol, destacó la especie *Sacoglottis amazonica* Mart., "loro shungo", 54.4 cm. (Tabla N° 19 y Grafica N° 13).

Tabla N° 19. Estructura horizontal, (Eh), de especies forestales mas representativas del lugar

	CLASE DIAMÉTRICA (cm)	ÁRBOLES N°	ÁRBOLES (%)
I	10 – 14.9	19	59.38
II	15 – 19.9	5	15.63
III	20 – 24.9	5	15.63
IV	25 – 29.9	2	6.25
-	....	....	....
X	50 – 54.9	1	2.5

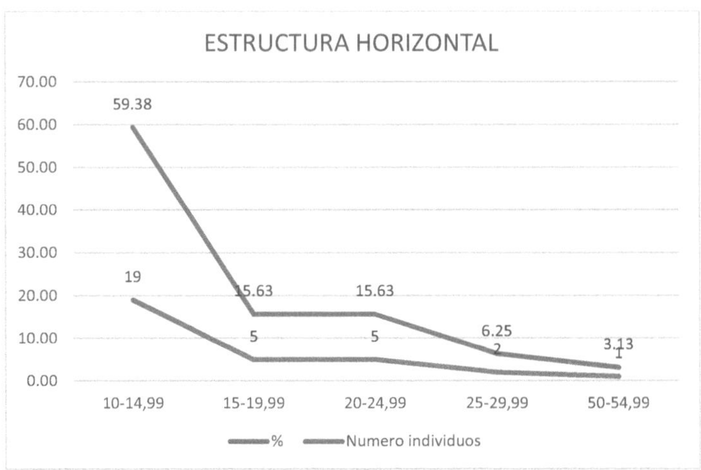

Gráfico N° 13. Estructura horizontal, de especies forestales más representativas del lugar

4.2.7 Análisis de la estructura vertical

Referido a la altura total de cada uno de los 32 árboles, reunidos en 20 especies forestales diferentes, distribuidos en tres (03) estratos: inferior (< 8), medio (9-15) y superior (> 15).

Presentaron estructura vertical inferior, (EVI), entre 6 y 8 metros de altura total, 07 árboles, (21.88%), reunidos en 02 especies diferentes; destacaron, con 1 árbol, *Guarea macrophylla* Vahl, "requia", 8 m; *Nectandra paucinervia* Coe-Teix., "moena", 8 m; *Parkia velutina* Benoist, "pashaco", 7 m.
Presentaron estructura vertical media, (EVM), entre 09 y 15 metros de altura total, destacaron 21 árboles, (65.63%), reunidos en 16 especies diferentes; destacaron entre otras, *Protium ferrugineum* (Engl.) Engl., "copal colorada", 15 m; *Parkia velutina* Benoist, "pashaco", 15 m; *Ocotea myriantha* (Meisn.) Mez, "garza moena", 03 árboles.

Presentaron estructura vertical superior, (EVS), mayor a 16 metros de altura, 04 árboles, (12.50%), reunidos en 04 especies diferentes; destacaron, entre otras, con 1 árbol, *Cecropia latiloba* Miq., "cetico blanco", 24 m; *Sacoglottis amazonica* Mart., "loro shungo", 23 m. (Tabla N° 20 y Grafica N° 14).

Tabla N° 20. Estructura vertical, (Ev), de especies forestales más representativas del lugar

E.V.	RANGO DE ALTURA TOTAL (m)	ARBOLES (N°)	(%)
INFERIOR	< 8	7	21.88
MEDIO	9-16	21	65.63
SUPERIOR	> 17	4	12.5

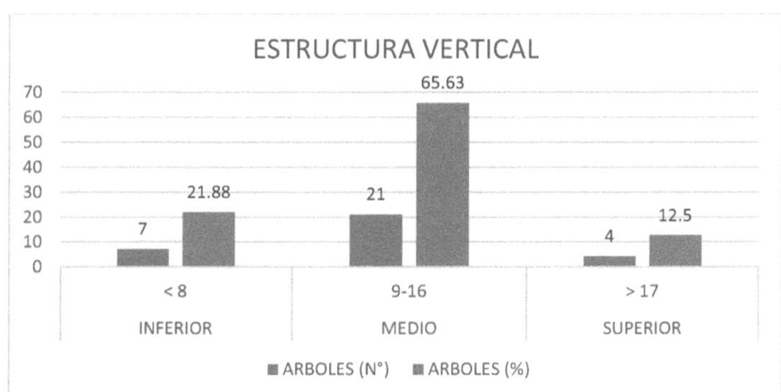

Gráfico N° 14. Estructura Vertical, (Eh), de especies forestales más representativas del lugar

Tabla N° 21: Analisis estructura horizontal y vertical, de especies forestales más representativas del lugar

Familia	Nombre Científico	Nombre Común	d (cm)	cd	h	ca
Lauraceae	Ocotea gracilis	moena sin olor	16.4	15-19,99	12	10-14,99
Sapotaceae	Ecclinusa lanceolata	caimitillo	12.4	10-14,99	9	5-9,99
Elaeocarpaceae	Sloanea guianensis	casha huayo	18.5	15-19,99	11	10-14,99
Fabaceae	Parkia velutina	pashaco	13.2	10-14,99	15	15-19,99
Burseraceae	Protium ferrugineum	copal colorado	20.7	20-24,99	15	15-19,99
Fabaceae	Parkia velutina	pashaco	11	10-14,99	10	10-14,99
Lauraceae	Ocotea myriantha	garza moena	12.1	10-14,99	13	10-14,99
Annonaceae	Xylopia cuspidata	tortuga caspi	10.6	10-14,99	9	5-9,99
Lecythidaceae	Eschweilera coriácea	machimango negro	10	10-14,99	6	5-9,99
Lecythidaceae	Eschweilera parvifolia	machimango	23	20-24,99	21	20-24,99
Lauraceae	Beilschmiedia sp.	canela moena	10	10-14,99	8	5-9,99
Fabaceae	Swartzia klugii	sacha cumaceba	20	20-24,99	12	10-14,99
Lauraceae	Ocotea bracteosa	canela moena	13.5	10-14,99	14	10-14,99
Meliaceae	Guarea macrophylla	requia	14.6	10-14,99	8	5-9,99
Melastomataceae	Miconia symplectocaulos	caracha caspi	10.8	10-14,99	12	10-14,99
Urticaceae	Cecropia latiloba	cetico blanco	10.4	10-14,99	24	20-24,99
Araliaceae	Dendropanax umbellatus	fósforo caspi	10	10-14,99	7	5-9,99
Fabaceae	Parkia velutina	pashaco	10.8	10-14,99	14	10-14,99
Sapotaceae	Ecclinusa lanceolata	caimitillo	11.5	10-14,99	9	5-9,99
Lauraceae	Nectandra paucinervia	moena	26	25-29,99	16	15-19,99
Lauraceae	Nectandra paucinervia	moena	11.8	10-14,99	8	5-9,99
Fabaceae	Parkia velutina	pashaco	15.8	15-19,99	7	5-9,99
Fabaceae	Macrolobium microcalyx	santo caspi	23.5	20-24,99	10	10-14,99
Lauraceae	Ocotea myriantha	garza moena	15	15-19,99	13	10-14,99
Urticaceae	Pourouma mollis	sacha uvilla	21.2	20-24,99	16	15-19,99
Myristicaceae	Iryanthera paraensis	cumalilla	12	10-14,99	7	5-9,99
Humiriaceae	Sacoglottis amazónica	loro shungo	54.4	50-54,99	23	20-24,99
Elaeocarpaceae	Sloanea guianensis	casha huayo	11.8	10-14,99	14	10-14,99
Lauraceae	Ocotea myriantha	garza moena	14.3	10-14,99	14	10-14,99
Elaeocarpaceae	Sloanea guianensis	casha huayo	13.5	10-14,99	13	10-14,99
Lauraceae	Ocotea myriantha	garza moena	18.2	15-19,99	16	15-19,99
Annonaceae	Xylopia cuspidata	tortuga caspi	25.5	25-29,99	17	15-19,99

Leyenda: diametro (d), clase diamétrica (cd), altura (h), clase altimétrica (ca).

4.3.   Parcela N° 03

4.3.1 Abundancia absoluta y relativa

Fueron inventariados un total de 40 árboles, pertenecientes a 15 familias, 20 géneros, 23 especies locales diferentes.

Las especies más abundantes, fueron: *Parkia velutina* Benoist, "pashaco", 06 árboles, (15.0%); *Xylopia cuspidata* Diels, "espintanilla hoja ancha", 05 árboles, (12.5%); *Hevea pauciflora* (Spruce ex Benth.) Müll. Arg., "shiringa", 03 árboles, (7.5%). Estas 03 especies, sumaron un total de 14 árboles, representaban al 32.5% del total. (Tabla N° 22 y Gráfica N° 15).

Tabla N° 22. Abundancia absoluta y relativa, de especies forestales más representativas del lugar

Nombre Cientifico	Nombre comun	absol (N°)	relat (%)
	ABUNDANCIA		
Parkia velutina	pashaco	6	15
Xylopia cuspidata	Espintanilla hoja ancha	5	12.5
Hevea pauciflora	shiringa	3	7.5
	sub total	14	32.5
	Total	40	100

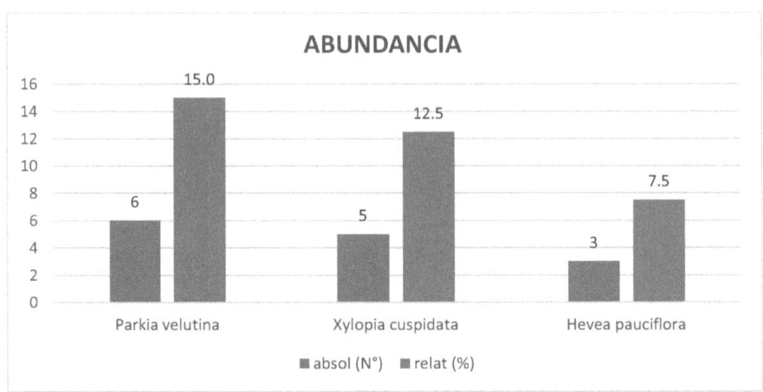

Gráfico N° 15. Abundancia absoluta y relativa, de especies forestales más representativas del lugar

4.3.2 Frecuencia, absoluta y relativa

Se evaluó la frecuencia, en 03 parcelas, dividido en 1 sub parcela (0.6 ha.).

Las 40 especies forestales locales, cada uno presentó un valor de Frecuencia absoluta 1 y relativa, 4.17%. (Tabla N° 23 y Gráfica N° 16).

Tabla N° 23. Frecuencia, absoluta y relativa, de especies forestales más representativas del lugar

Nombre Científico	Nombre Común	absol (N°)	relat (%)
	FRECUENCIA		
Parkia velutina	pashaco	1	4.17
Xylopia cuspidata	Espintanilla hoja ancha	1	4.17
Hevea pauciflora	shiringa	1	4.17
	sub total	3	12.51
	Total	24	100

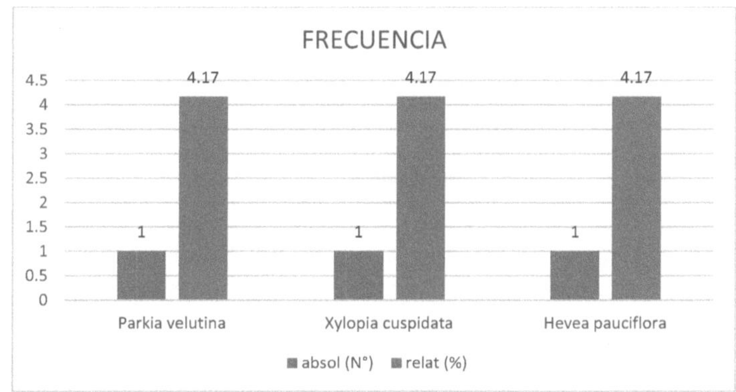

Gráfico N° 16. Frecuencia absoluta y relativa, de especies forestales más representativas del lugar

4.3.3 Dominancia, absoluta y relativa

Referido al área basal de los 40 árboles pertenecientes a 23 especies forestales regionales diferentes.

Las especies con mayor dominancia absoluta y relativa, fueron, *Parkia nitida* Miq., "pashaco", con, 0.26 m^2, (15.73%); seguido *Hevea pauciflora* (Spruce ex Benth.) Müll. Arg., "shiringa", 0.14 m^2, (8.57%); *Xylopia cuspidata* Diels, "espintanilla hoja ancha", 0.13 m^2, (8.04%). Estas 03 especies forestales locales sumaron un total de 0.53 m^2 de área basal, que representaba el 32.34% del total. (Tabla N° 24 y Gráfica N° 17).

Tabla N° 24. Dominancia (m^2), absoluta y relativa de las especies forestales más representativas del lugar

Nombre Científico	Nombre Común	absol (N°)	relat (%)
	DOMINANCIA		
Parkia velutina	pashaco	0.26	15.73
Hevea pauciflora	shiringa	0.14	8.57
Xylopia cuspidata	Espintanilla hoja ancha	0.13	8.04
	sub total	0.53	32.34
	Total	1.67	100

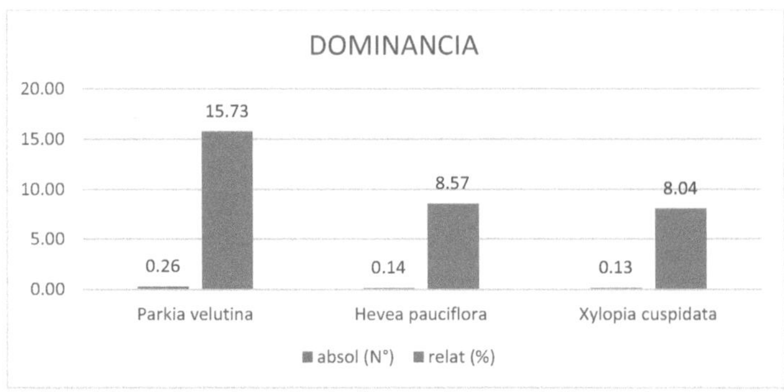

Gráfico N° 17. Dominancia, (m²), absoluta y relativa de las especies forestales más representativas del lugar

4.3.4 Índice Valor de Importancia

El Índice Valor de Importancia, (IVI), de las especies en la parcela evaluada, fueron calculado 23 especies diferentes que agruparon un total de 40 árboles. Las especies con mayor IVI fueron, *Parkia velutina* Benoist, "pashaco", 35.08, (11.69%); *Xylopia cuspidata* Diels, "espintanilla hoja ancha", 24.89, (8.30%); *Hevea pauciflora* (Spruce ex Benth.) Müll. Arg., "shiringa", 20.42, (6.81%). Estas 03 especies, sumaron un total de 80.39 m², que representaban el 26.80% del total. (Tabla N° 25 y Gráfica N° 18).

Tabla N° 25. Índice Valor de Importancia, (IVI), de las especies forestales más representativas del lugar

Nombre Científico	Nombre Común	IVI al 300%	IVI al 100%
		IVI	
Parkia velutina	pashaco	35.08	11.69
Xylopia cuspidata	toruga caspi	24.89	8.3
Hevea pauciflora	shiringa	20.42	6.81
	sub total	80.39	26.8
	Total	300	100

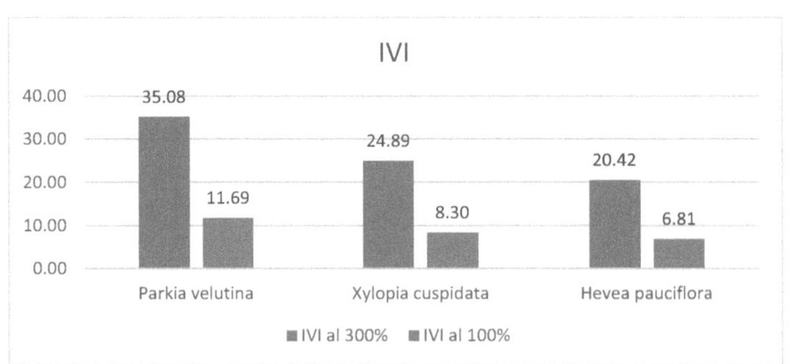

Gráfico N° 18. Índice Valor de Importancia, (IVI), de las especies más representativas del lugar

Tabla N° 26. Indice valor de importancia, (IVI), de especies forestales
más representativas del lugar

Familia	Nombre Científico	Nombre Común	IVI al 300%	IVI al 100%
Fabaceae	Parkia velutina Benoist	pashaco	35.08	11.69
Annonaceae	Xylopia cuspidata Diels	tortuga caspi	24.89	8.30
Euphorbiaceae	Hevea pauciflora (Spruce ex Benth.) Müll. Arg.	shiringa	20.42	6.81
Anacardiaceae	Tapirira guianensis Aubl.	wira caspi	18.12	6.04
Clusiaceae	Moronobea coccinea Aubl.	azufre caspi	17.92	5.97
Lauraceae	Ocotea gracilis (Meisn.) Mez	moena sin olor	17.76	5.92
Fabaceae	Macrolobium microcalyx Ducke	santo caspi	17.11	5.70
Sapotaceae	Micropholis venulosa (Mart. & Eichl.) Pierre	balatilla	14.70	4.90
Myristicaceae	Iryanthera tricornis Ducke	pucuna caspi	12.45	4.15
Urticaceae	Pourouma tomentosa Mart.	sacha uvilla	11.14	3.71
Apocynaceae	Macoubea guianensis Aubl.	jarabe huayo	9.15	3.05
Olacaceae	Tetrastylidium peruvianum Sleumer	yutubanco	9.11	3.04
Myristicaceae	Iryanthera juruensis Warb.	cumalilla colorada	8.68	2.89
Myrtaceae	Calyptranthes ruiziana O. Berg	guayabilla	8.02	2.67
Lecythidaceae	Eschweilera tessmannii Knuth	machimango colorado	7.98	2.66
Sapotaceae	Micropholis egensis (A. DC.) Pierre	quinilla	7.89	2.63
Sapotaceae	Chrysophyllum bombycinum T. D. Penn.	quinilla colorada	7.78	2.59
Fabaceae	Tachigali tessmannii Harms	tangarana	7.73	2.58
Lecythidaceae	Eschweilera albiflora (A. DC.) Miers	machimango colorado	7.44	2.48
Burseraceae	Protium ferrugineum (Engl.) Engl.	copal colorado	7.42	2.47
Fabaceae	Inga brachyrhachis Harms	shimbillo	7.41	2.47
Malpighiaceae	Byrsonima stipulina J. F. Macbr.	sacha indano	7.40	2.47
Myrtaceae	Eugenia florida DC.	sacha guayaba	7.37	2.46
		Total	**300**	**100**

4.3.5 Complejidad Florística, (CF)

Complejidad Florística de la zona evaluada fue 1/1, es decir que por cada
especie existía 1 árbol. (Tabla N° 27 y Grafico N° 19).

Tabla N° 27. Complejidad Florística, de especies forestales más
representativas del lugar

Número de Especies	1
Número de árboles	1
COMPLEJIDAD FLORÍSTICA	1/1

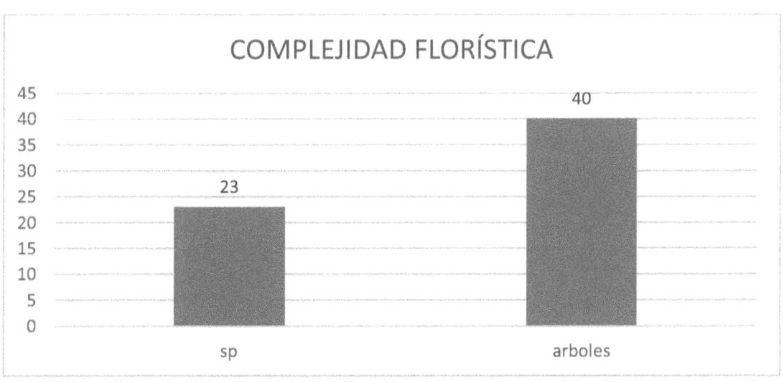

Gráfico N° 19. Complejidad Florística, de especies forestales más
representativas del lugar

4.3.6 Análisis de la estructura horizontal

La estructura horizontal (Eh), de las especies en la parcela evaluada, referido al diámetro de 40 árboles, en rangos de 5 cm a partir de 10 cm de dap, a 1.30 metros del suelo.

La clase diamétrica I, entre 10 cm y 29.9 cm de dap, fueron inventariados 24 árboles, (60.0%). Cuantitativamente mayor, destacaron, *Xylopia cuspidata* Diels, "espintanilla hoja ancha", 19.9 cm, 01 árbol; *Parkia velutina* Benoist, "pashaco", 19.7 cm, 01 árbol; *Iryanthera juruensis* Warb., "cumalilla colorada", 17.7 cm, 01 árbol.

La clase diamétrica II, entre 20 cm y 29.9 cm de dap, fueron inventariados 10 árboles, (25.0%). Cuantitativamente mayor, destacaron, *Macrolobium microcalyx* Ducke "santo caspi", 28.4 cm, 01 árbol; *Hevea pauciflora* (Spruce ex Benth.) Müll. Arg., "shiringa", 24.4 cm, 01 árbol.

La clase diamétrica III, entre 30 cm y 39.9 cm de dap, fueron inventariados 04 árboles, (10.0%). Cuantitativamente mayor destacó, *Tapirira guianensis* Aubl., "wira caspi", 37.7 cm, 01 árbol; *Iryanthera tricornis* Ducke, "pucuna caspi", 34.5 cm, 01 árbol.
La clase diamétrica IV, entre 40 cm y 49.9 cm de dap, fue inventariado 01 árbol, (2.5%). Cuantitativamente mayor, destacaron, *Moronobea coccinea* Aubl., "azufre caspi", 48.5 cm, 01 árbol.

La clase diamétrica V, entre 50 cm y 59.9 cm de dap, fue inventariado 01 árbol, (2.5%). Destacó, *Parkia velutina* Benoist, "pashaco", 57.8 cm, 01 árbol. (Tabla N° 28 y Grafica N° 20).

Tabla N° 28. Estructura horizontal, (Eh), de especies forestales más representativas del lugar

	CLASE DIAMÉTRICA	ÀRBOLES	
	(cm)	N°	%
I	10-19.99	24	60
II	20-29.99	10	25
III	30-39.99	4	10
IV	40-49.99	1	2.5
V	50-59.99	1	2.5
		40	100

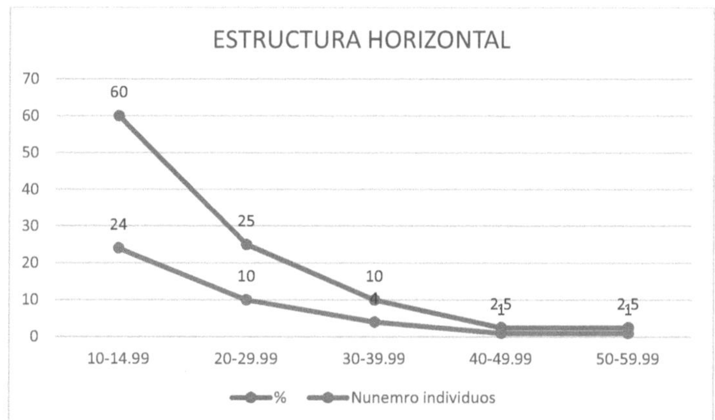

Gráfico N° 20. Estructura Horizontal, (Eh), de especies forestales más representativas del lugar

4.3.7 Análisis de la estructura vertical

La estructura vertical (Ev) o Posición Sociológica de las especies en la parcela evaluada, referido a la altura total de cada uno de los 40 árboles reunidos en 23 especies diferentes.

Presentaron estructura vertical inferior, (EVI), entre 5 y 9.9 m de altura total, 04 árboles, (10.00%), reunidos en 03 especies diferentes; destacaron, *Protium ferrugineum* (Engl.) Engl., "copal colorado", 01 árbol; *Eschweilera albiflora* (A. DC.) Miers, "machimango", 01 árbol.

Presentaron Estructura Vertical Media, (EVM), entre 09 y 24 m de altura total, destacaron 35 árboles, (87.50%), reunidos en 22 especies diferentes. Sobresalió con 24 m de altura, *Iryanthera tricornis* Ducke, "pucuna caspi", 01 árbol; con 23 m, *Moronobea coccinea* Aubl., "azufre caspi", 01 árbol; con 21 m; *Macrolobium microcalyx* Ducke, "santo caspi", 01 árbol.

Presentaron Estructura Vertical Superior, (EVS), con 25 metros de altura, 01 árbol, *Parkia velutina* Benoist, "pashaco". (Tabla N° 29 y Grafica N° 21).

Tabla N° 29. Estructura Vertical, (Ev), de especies forestales más representativas del lugar

	RANGO ALTURA TOTAL (m)	ARBOLES N°	%
I	5-9.99	7	17.5
II	10-14.99	14	35.0
III	15-19.99	15	37.5
IV	20-24.99	3	7.5
V	25-29.99	1	2.5
		40	100

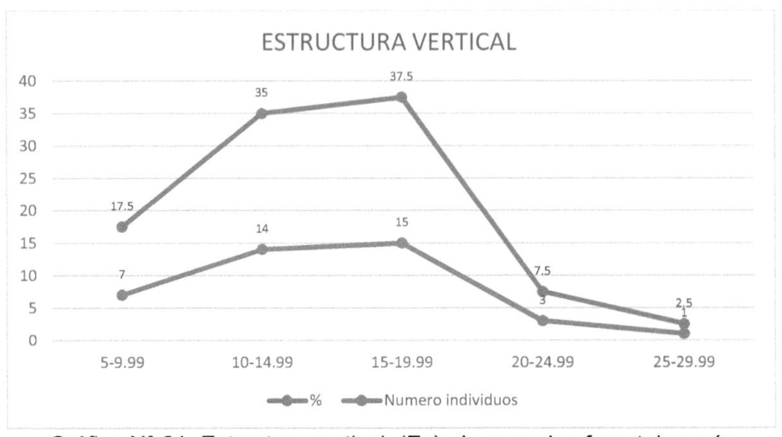

Gráfico N° 21. Estructura vertical, (Ev), de especies forestales más representativas del lugar

Tabla N° 30: Analisis de la estructura horizontal y vertical, parcela N° 03

Familia	Especies	Nombre comun	d (cm)	cd	h	ca
Sapotaceae	Micropholis venulosa	balatilla	17,3	10-19.99	11	10-14.99
Anacardiaceae	Tapirira guianensis	wira caspi	21,0	20-29.99	18	15-19.99
Euphorbiaceae	Hevea pauciflora	shiringa	21,7	20-29.99	16	15-19.99
Annonaceae	Xylopia cuspidata	tortuga caspi	19,8	10-19.99	17	15-19.99
Annonaceae	Xylopia cuspidata	tortuga caspi	19,9	10-19.99	16	15-19.99
Fabaceae	Inga brachyrhachis	shimbillo	10,9	10-19.99	14	10-14.99
Sapotaceae	Micropholis egensis	quinilla	14,9	10-19.99	12	10-14.99
Sapotaceae	Micropholis venulosa	balatilla	13,6	10-19.99	13	10-14.99
Malpighiaceae	Byrsonima stipulina	sacha indano	10,8	10-19.99	9	5-9.99
Lecythidaceae	Eschweilera albiflora	machimango	11,2	10-19.99	8	5-9.99
Urticaceae	Pourouma tomentosa	sacha uvilla	30,2	30-39.99	19	15-19.99
Lecythidaceae	Eschweilera tessmannii	machimango colorado	15,5	10-19.99	11	10-14.99
Sapotaceae	Chrysophyllum bombycinum	quinilla colorada	14,1	10-19.99	12	10-14.99
Fabaceae	Parkia velutina	pashaco	15,5	10-19.99	14	10-14.99
Euphorbiaceae	Hevea pauciflora	shiringa	27,0	20-29.99	16	15-19.99
Annonaceae	Xylopia cuspidata	tortuga caspi	21,0	20-29.99	15	15-19.99
Fabaceae	Parkia velutina	pashaco	14,7	10-19.99	13	10-14.99
Lauraceae	Ocotea gracilis	moena sin olor	11,6	10-19.99	6	5-9.99
Fabaceae	Parkia velutina	pashaco	19,7	10-19.99	15	15-19.99
Fabaceae	Macrolobium microcalyx	santo caspi	29,0	20-29.99	17	15-19.99
Apocynaceae	Macoubea guianensis	jarabe huayo	22,1	20-29.99	14	10-14.99
Sapotaceae	Micropholis venulosa	balatilla	11,0	10-19.99	9	5-9.99
Lauraceae	Ocotea gracilis	moena sin olor	10,8	10-19.99	7	5-9.99
Myristicaceae	Iryanthera juruensis	cumalilla colorada	19,7	10-19.99	14	10-14.99
Anacardiaceae	Tapirira guianensis	wira caspi	37,7	30-39.99	19	15-19.99
Olacaceae	Tetrastylidium peruvianum	yutubanco	21,9	20-29.99	16	15-19.99
Myristicaceae	Iryanthera tricornis	pucuna caspi	34,5	30-39.99	24	20-24.99
Clusiaceae	Moronobea coccinea	azufre caspi	48,5	40-49.99	23	20-24.99
Fabaceae	Tachigali tessmannii	tangarana	13,7	10-19.99	10	10-14.99
Fabaceae	Parkia velutina	pashaco	57,8	50-59.99	25	25-29.99
Burseraceae	Protium ferrugineum	copal colorado	11,0	10-19.99	8	5-9.99
Lauraceae	Ocotea gracilis	moena sin olor	31,7	30-39.99	15	15-19.99
Fabaceae	Macrolobium microcalyx	santo caspi	28,4	20-29.99	21	20-24.99
Myrtaceae	Calyptranthes ruiziana	guayabilla	15,8	10-19.99	13	10-14.99
Euphorbiaceae	Hevea pauciflora	shiringa	24,9	20-29.99	17	15-19.99
Fabaceae	Parkia velutina	pashaco	14,0	10-19.99	14	10-14.99
Myrtaceae	Eugenia florida	sacha guayaba	10,5	10-19.99	9	5-9.99

Fabaceae	Parkia velutina	pashaco	21,3	20-29.99	15	15-19.99
Annonaceae	Xylopia cuspidata	tortuga caspi	12,0	10-19.99	14	10-14.99
Annonaceae	Xylopia cuspidata	tortuga caspi	18,3	10-19.99	15	15-19.99

Leyenda: diametro (d), clase diamétrica (cd), altura (h), clase altimétrica (ca).

4.4. Parcela N° 04

4.4.1 Abundancia absoluta y relativa

Fueron inventariados un total de 16 árboles, pertenecientes a 9 familias, 11 géneros, 12 especies diferentes.

Las especies locales más abundantes, fueron: *Alchornea triplinervia* (Spreng.) Müll. Arg., "zancudo caspi", 02 árboles, (12.50%); *Hevea pauciflora* (Spruce ex Benth.) Müll. Arg., "shiringa", 02 árboles, (12.50%); *Guarea macrophylla* Vahl, "requia", 01 árbol, (6.3%). Estas 03 especies forestales, sumaron un total de 05 árboles, representaban al 31.3% del total. (Tabla N° 31 y Gráfica N° 22).

Tabla N° 31. Abundancia absoluta y relativa, de especies forestales más representativas del lugar

Nombre Científico	Nombre Común	ABUNDANCIA	absol (N°)	relat (%)
Alchornea triplinervia	zancudo caspi		2	12.5
Hevea pauciflora	shiringa		2	12.5
Guarea macrophylla	requia		1	6.3
		sub total	5	31.3
		Total	16	100

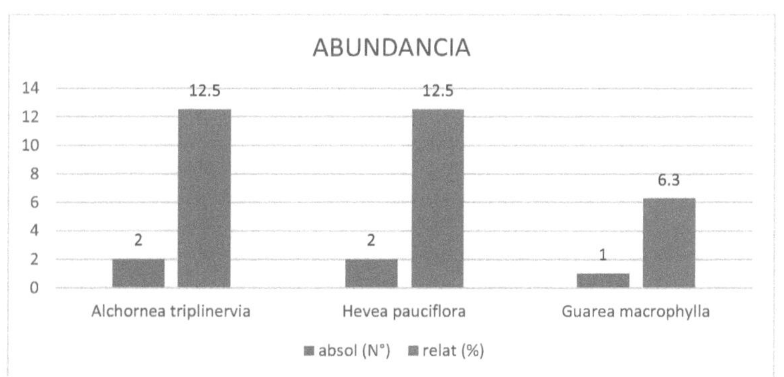

Gráfico N° 22. Abundancia absoluta y relativa, de especies forestales más representativas del lugar

4.4.2 Frecuencia, absoluta y relativa

Se evaluó la frecuencia, en 03 parcelas, dividido en 1 sub parcela (0.6 ha.).

Las 23 especies forestales locales, cada una presentó un valor de Frecuencia absoluta 1 y relativa, 8.3%. (Tabla N° 32 y Gráfica N° 23).

Tabla N° 32. Frecuencia, absoluta y relativa, de especies forestales más representativas del lugar

FRECUENCIA			
Nombre Científico	Nombre Común	Absol (N°)	Relat (%)
Guarea macrophylla	requia	1	8.3
Alchornea triplinervia	zancudo caspi	1	8.3
Hevea pauciflora	shiringa	1	8.3
	sub total	3	24.9
	Total	16	100

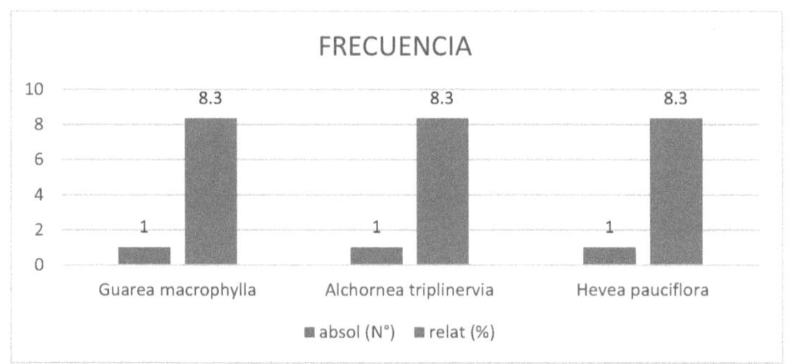

Gráfico N° 23. Frecuencia absoluta y relativa, de especies forestales más representativas del lugar

4.4.3 Dominancia, absoluta y relativa

Referido al área basal de los 16 árboles pertenecientes a 12 especies forestales regionales diferentes.

Especies con mayor dominancia absoluta y relativa: *Guarea macrophylla* Vahl, "requia", 0.1 m^2, (22.72%); *Alchornea triplinervia* (Spreng.) Müll. Arg., "zancudo caspi", 0.1 m^2, (15.06%); *Hevea pauciflora* (Spruce ex Benth.) Müll. Arg., "shiringa", 0.1 m^2, (11.26%). Estas 03 especies locales sumaron un total 0.3 m^2 área basal, representó 49.04% del total. (Tabla N° 33 y Gráfica N° 24).

Tabla N° 33. Dominancia, (m^2), absoluta y relativa, de especies forestales más representativas del lugar

DOMINANCIA			
Nombre Científico	Nombre Comúun	absol (m^2)	relat (%)
Guarea macrophylla	requia	0.1	22.72
Alchornea triplinervia	zancudo caspi	0.1	15.06
Hevea pauciflora	shiringa	0.1	11.26
	sub total	0.3	49.04
	Total	16.00	100

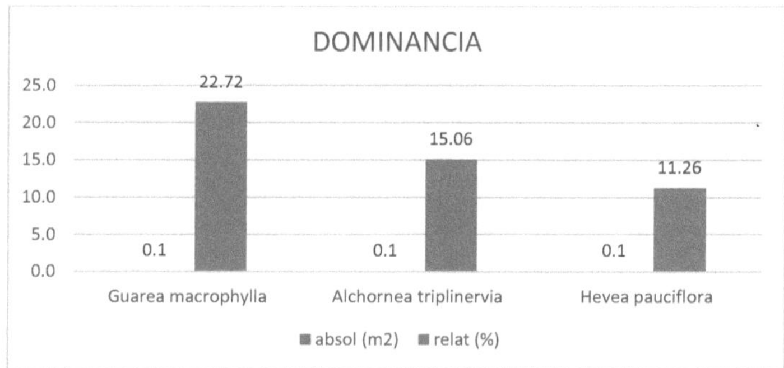

Gráfico N° 24. Dominancia, (m²), absoluta y relativa de las especies forestales más representativas del lugar

4.4.4 Índice Valor de Importancia

El Índice Valor de Importancia (IVI), de las especies en la parcela evaluada, fueron calculadas 12 especies diferentes, que agruparon un total de 16 árboles.

Las especies con mayor IVI, fueron, *Guarea macrophylla* Vahl, "requia", 37.31, (12.44%); *Alchornea triplinervia* (Spreng.) Müll. Arg., "zancudo caspi", 35.90, (11.97%); *Hevea pauciflora* (Spruce ex Benth.) Müll. Arg., "shiringa", 32.10, (10.70%). Estas 03 especies, sumaron un total de 105.31 de IVI, que representaban el 35.11% del total, (Tabla N° 34 y Gráfica N° 25).

Tabla N° 34. Índice Valor de Importancia, (IVI), de especies forestales más representativas del lugar

Nombre comun	Especies	IVI	IVI al 300%	IVI al 100%
Guarea macrophylla	requia		37.31	12.44
Alchornea triplinervia	zancudo caspi		35.90	11.97
Hevea pauciflora	shiringa		32.10	10.70
		sub total	105.31	35.11
		Total	300	100

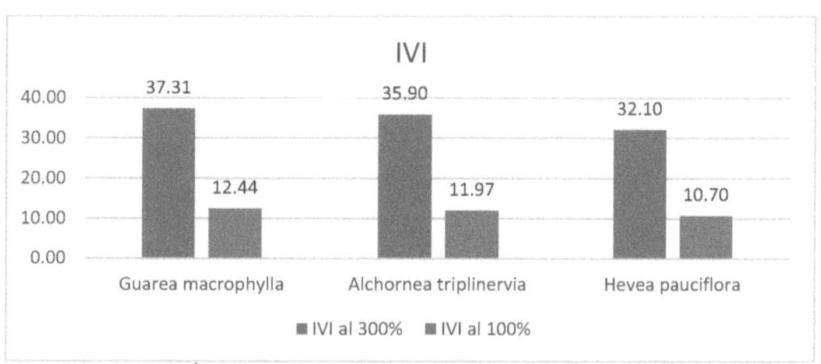

Gráfico N° 25. Índice Valor de Importancia, (IVI), de especies más representativas del lugar

Tabla N° 35: Indice valor de importancia (IVI), de las especies forestales mas representativa del lugar

Familia	Nombre Clentífico	Nombre Común	IVI al 300%	IVI al 100%
Meliaceae	Guarea macrophylla Vahl	requia	37.3	12.4
Euphorbiaceae	Alchornea triplinervia (Spreng.) Müll. Arg.	zancudo caspi	35.9	12.0
Euphorbiaceae	Hevea pauciflora (Spruce ex Benth.) Müll. Arg.	shiringa	32.1	10.7
Myristicaceae	Osteophloeum platyspermum (A. DC.) Warb.	cumala llorona	30.5	10.2
Sapotaceae	Pouteria torta (Mart.) Radlk.	quinilla blanca	30.1	10.0
Annonaceae	Xylopia cuspidata Diels	tortuga caspi	24.3	8.1
Apocynaceae	Aspidosperma schultesii Woodson	quillobordon	23.8	7.9
Lecythidaceae	Eschweilera coriacea (A. DC.) S. A. Mori	machimango negro	19.8	6.6
Lauraceae	Aniba perutilis Hemsl.	moena amarilla	17.3	5.8
Myristicaceae	Iryanthera polyneura Ducke	cumala colorada	16.6	5.5
Myristicaceae	Iryanthera juruensis Warb.	cumalilla colorada	16.4	5.5
Malpighiaceae	Byrsonima stipulina J. F. Macbr.	sacha indano	15.9	5.3
		Total	**300**	**100**

4.4.5 Complejidad Florística, (CF)

Complejidad Florística de la zona evaluada fue 1/1, es decir, que por cada especie existía 1 árbol. (Tabla N° 35 y Grafico N° 26).

Tabla N° 36. Complejidad Florística, de especies forestales mas representativas del lugar

Número de Especies	1
Número de árboles	1
COMPLEJIDAD FLORÍSTICA	1/1

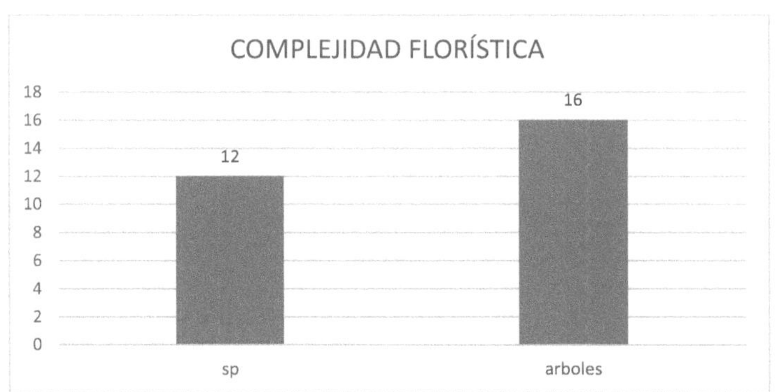

Gráfico N° 26. Complejidad Florística, de especies forestales mas representativas del lugar

4.4.6 Análisis de la estructura horizontal

La estructura horizontal (Eh) de especies evaluadas, refiere al diámetro de 16 árboles, en rangos de 5 cm a partir de 10 cm de dap, a 1.30 metros del suelo.

La clase diamétrica I, entre 10 cm y 14.9 cm de dap, fueron inventariados, 07 árboles, (43.75 %). Cuantitativamente mayor, destacó, *Aniba perutilis* Hemsl., "moena amarilla", 14.3 cm, 01 árbol.

La clase diamétrica II, entre 15 cm y 19.9 cm de dap, fueron inventariados 04 árboles, (25.00%). Cuantitativamente mayor, destacaron, *Pouteria torta* (Mart.) Radlk., "quinilla blanca", 18.9 cm, 01 árbol; *Eschweilera coriacea* (A. DC.) S. A. Mori, "machimango blanco", 19.8 cm, 01 árbol.

La clase diamétrica IV, entre 25 cm y 29.9 cm de dap, fueron inventariados 03 árboles, (18.75%). Cuantitativamente mayor, destacó, *Alchornea triplinervia* (Spreng.) Müll. Arg., "zancudo caspi", 29.80 cm, 01 árbol.

La clase diamétrica V, entre 30 cm y 34.9 cm dap, fue inventariado 01 árbol; destaco, *Osteophloeum platyspermum* (A. DC.) Warb., "cumala llorona", 34.5 cm.

La clase diamétrica VII, entre 40 cm y 49.9 cm de dap, se evaluó 01 árbol, *Guarea macrophylla* Vahl, "requia", 41.2 cm. (Tabla N° 37 y Grafica N° 27).

Tabla N° 37. Estructura Horizontal, (Eh), de especies forestales más representativas del lugar

	CLASE DIAMÉTRICA (cm)	ARBOLES N°	ARBOLES %
I	10-14.99	7	43.75
II	15-19.99	4	25
-	....		-
IV	25-29.99	3	18.75
V	30-34.99	1	6.25
-	....		-
VII	40-44.99	1	6.25
		16	100

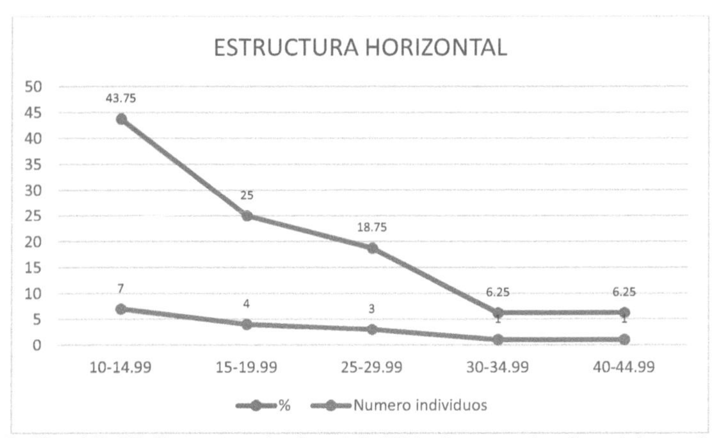

Gráfico N° 27. Estructura horizontal, (Eh), de especies forestales más representativas del lugar

4.4.7 Análisis de la estructura vertical

La Estructura Vertical (EV) o Posición Sociológica de las especies en la parcela evaluada, referido a la altura total de cada uno de los 16 árboles, reunidos en 12 especies diferentes.

Presentaron Estructura Vertical Inferior, (EVI), hasta 6 m altura total, 01 árbol, (6.25%); destacó, *Iryanthera juruensis* Warb., "cumalilla colorada".

Presentaron Estructura Vertical Media, (EVM), entre 07 y 14 metros de altura total, destacaron 09 árboles, (56.25%), reunidos en 08 especies diferentes. Sobresalió, con 14 metros de altura, *Eschweilera coriacea* (A. DC.) S. A. Mori, "machimango blanco", 01 árbol; *Pouteria torta* (Mart.) Radlk., "quinilla blanca", 01 árbol; *Alchornea triplinervia* (Spreng.) Müll. Arg., "zancudo caspi", 01 árbol.

Presentaban Estructura Vertical Superior, (EVS), más de 16 m de altura, 06 árboles; destacaron, *Osteophloeum platyspermum* (A. DC.) Warb., "cumala llorona", 01 árbol, con 23 metros de altura; *Guarea macrophylla* Vahl, "requia", 01 árbol, 23 metros de altura; *Alchornea triplinervia* (Spreng.) Müll. Arg., "zancudo caspi". 01 árbol, 22 metros de altura. (Tabla N° 38 y Grafica N° 28).

Tabla N° 38. Estructura Vertical, (Ev), de especies forestales más representativas del lugar

E.V.	RANGO DE ALTURA TOTAL (m)	ÁRBOLES (N°)	(%)
INFERIOR	< 7	1	6.25
MEDIO	8-15	9	56.25
SUPERIOR	> 16	6	37.5

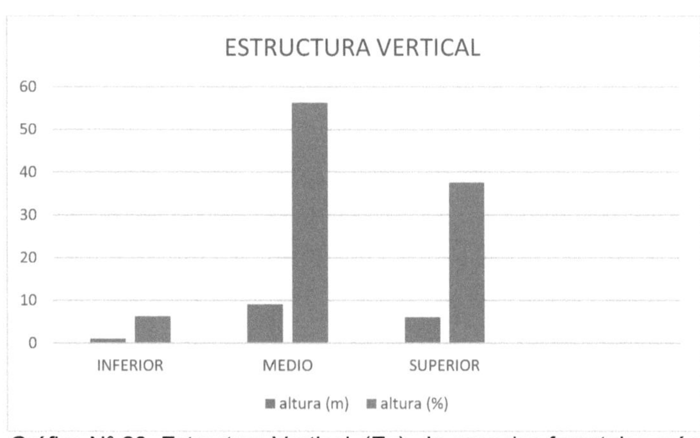

Gráfico N° 28. Estructura Vertical, (Ev), de especies forestales más representativas del lugar

Tabla N° 39: Analisis de la estructura horizontal y vertical, de especies forestales mas representativas del lugar

Familias	Especies	Nombre comun	d (cm)	cd	h	ca
Annonaceae	Xylopia cuspidata	espintanilla hoja ancha	11,1	10-14.99	11	10-14.99
Annonaceae	Xylopia cuspidata	espintanilla hoja ancha	11,5	10-14.99	13	10-14.99
Lecythidaceae	Eschweilera coriácea	machimango negro	19,8	15-19.99	14	10-14.99
Sapotaceae	Pouteria torta	quinilla blanca	19,9	15-19.99	18	15-19.99
Meliaceae	Guarea macrophylla	requia	41,2	40-44.99	23	20-24.99
Lauraceae	Aniba perutilis	moena amarilla	14,3	10-14.99	11	10-14.99
Myristicaceae	Iryanthera polyneura	cumala colorada	12,4	10-14.99	13	10-14.99
Malpighiaceae	Byrsonima stipulina.	sacha indano	10,0	10-14.99	9	5-9.99
Myristicaceae	Iryanthera juruensis	cumalilla colorada	11,5	10-14.99	6	5-9.99
Euphorbiaceae	Hevea pauciflora	shiringa	27,0	25-29.99	16	15-19.99
Euphorbiaceae	Hevea pauciflora	shiringa	10,6	10-14.99	8	5-9.99
Apocynaceae	Aspidosperma schultesii	quillobordon	26,2	25-29.99	16	15-19.99
Sapotaceae	Pouteria torta	quinilla blanca	17,2	15-19.99	14	10-14.99
Euphorbiaceae	Alchornea triplinervia	zancudo caspi	29,8	25-29.99	22	20-24.99
Myristicaceae	Osteophloeum platyspermum	cumala llorona	34,5	30-34.99	23	20-24.99
Euphorbiaceae	Alchornea triplinervia	zancudo caspi	15,4	15-19.99	14	10-14.99

Leyenda: diametro (d), clase diamétrica (cd), altura (h), clase altimétrica (ca).

4.5. Parcela N° 05

4.5.1 Abundancia absoluta y relativa

Fueron inventariados, total 24 árboles, pertenecen 11 familias, 15 géneros, 16 especies forestales diferentes.

Las especies locales más abundantes: *Alchornea triplinervia* (Spreng.) Müll. Arg., "zancudo caspi", 04 árboles, (16.7%); *Swartzia benthamiana* Miq., "sacha cumaceba", 03 árboles, (12.5%); *Nealchornea yapurensis* Huber, "huira caspi", 01 árbol, (4.2%). Estas 03 especies, sumaron un total de 08 árboles, que representó 33.4% del total. (Tabla N° 40 y Gráfica N° 29).

Tabla N° 40. Abundancia absoluta y relativa, de especies forestales más representativas del lugar

	ABUNDANCIA		
Nombre comun	Especies	absol (N°)	relat (%)
Alchornea triplinervia	zancudo caspi	4	16.7
Swartzia benthamiana	sacha cumaceba	3	12.5
huira caspi	Nealchornea yapurensis	1	4.2
	sub total	8	33.4
	Total	24	100

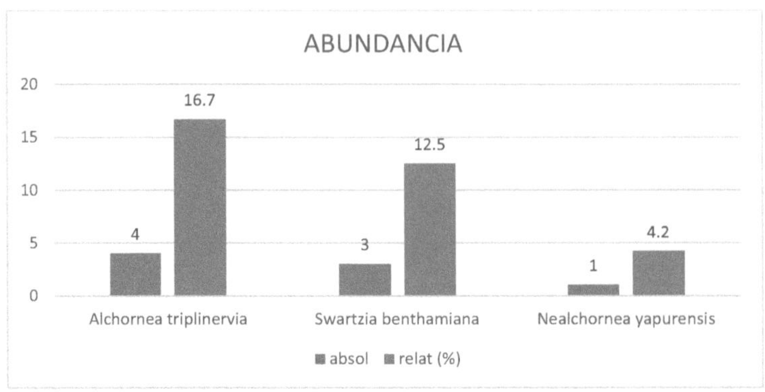

Gráfico N° 29. Abundancia absoluta y relativa, de especies forestales más representativas del lugar

4.5.2 Frecuencia absoluta y relativa

Se evaluó la frecuencia, en 03 parcelas, dividido en 1 sub parcela (0.6 ha.).

Las 16 especies forestales locales, cada uno presentó, un valor de Frecuencia absoluta 1 y relativa, 6.25%. (Tabla N° 41 y Gráfica N° 30).

Tabla N° 41. Frecuencia, absoluta y relativa, de especies forestales más representativas del lugar

Nombre comun	Especies	FRECUENCIA	absol	relat (%)
Alchornea triplinervia	zancudo caspi		1	6.25
Swartzia benthamiana	sacha cumaceba		1	6.25
Nealchornea yapurensis	huira caspi		1	6.25
		sub total	3	18.75
		Total	24	100

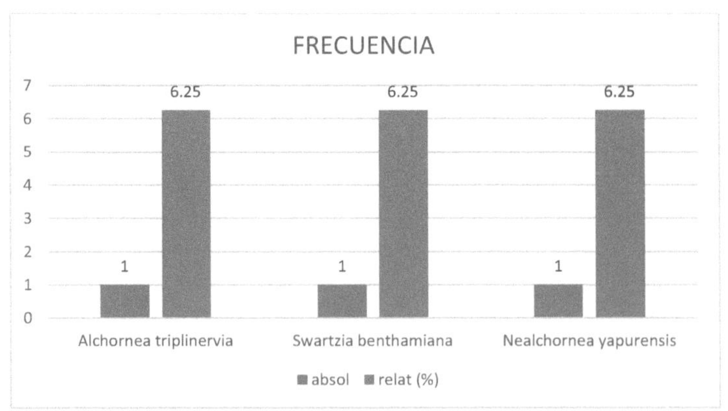

Gráfico N° 30. Frecuencia absoluta y relativa, de especies forestales más representativas del lugar

4.5.3 Dominancia absoluta y relativa

La Dominancia absoluta y relativa, de las especies forestales en la zona evaluada, referido al área basal de 24 árboles, pertenecientes a 15 especies locales diferentes.

Las especies con mayor dominancia: *Swartzia benthamiana* Miq., "sacha cumaceba", 0.37 m², (35.56%); *Alchornea triplinervia* (Spreng.) Müll. Arg.; "zancudo caspi", 0.21 m², (19.81%); *Nealchornea yapurensis* Huber; "huira caspi", 0.16 m², (15.26%). Estas 03 especies locales sumaron un total de 0.74 m² área basal, representó el 70.63% del total. (Tabla N° 42 y Gráfica N° 31).

Tabla N° 42. Dominancia (m²), absoluta y relativa de las especies forestales más representativas del lugar

	DOMINANCIA		
Nombre comun	Especies	absol (m²)	relat (%)
Swartzia benthamiana	sacha cumaceba	0.37	35.56
Alchornea triplinervia	zancudo caspi	0.21	19.81
Nealchornea yapurensis	huira caspi	0.16	15.26
	sub total	0.74	70.63
	Total	1.05	100

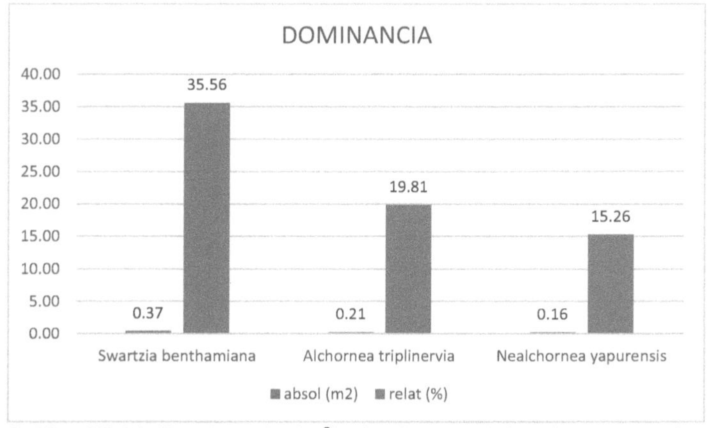

Gráfico N° 31. Dominancia, (m²), absoluta y relativa de las especies forestales más representativas del lugar

4.5.4 Índice Valor de Importancia, (IVI)

El Índice Valor de Importancia, (IVI), de las especies en la parcela evaluada, fueron calculadas 15 especies locales diferentes que, agruparon a un total de 24 árboles.

Las especies con mayor IVI fueron, *Swartzia benthamiana* Miq., "sacha cumaceba", 54.31, (18.10%); *Alchornea triplinervia* (Spreng.) Müll. Arg., "zancudo caspi", 42.73, (14.24%); *Nealchornea yapurensis* Huber, "huira caspi", 25.67, (8.56%). Estas 03 especies, sumaron un total de 122.71 de IVI, que representó el 40.90% del total, (Tabla N° 43 y Grafica N° 32).

Tabla N° 43. Índice Valor de Importancia, (IVI) de las especies forestales más representativas del lugar

Nombre comun	Especies	IVI	IVI al 300%	IVI al 100%
Swartzia benthamiana	sacha cumaceba		54.31	18.10
Alchornea triplinervia	zancudo caspi		42.73	14.24
Nealchornea yapurensis	huira caspi		25.67	8.56
		sub total	122.71	40.90
		Total	300	100

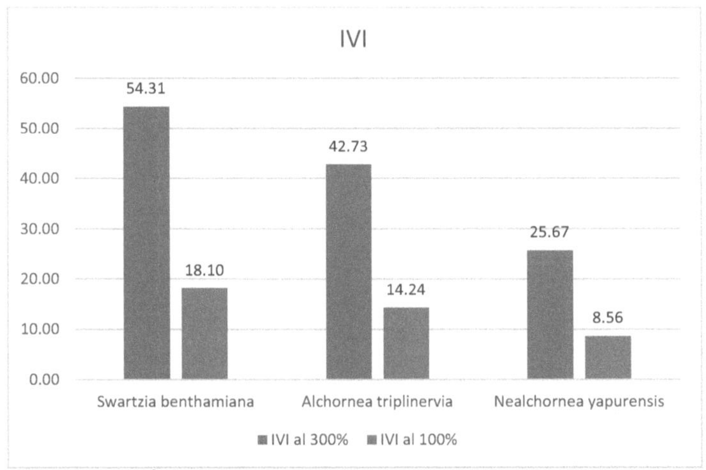

Gráfico N° 32. Índice Valor de Importancia, (IVI), de las especies más representativas del lugar

Tabla N° 44: Indice valor de importancia (IVI), de las especies forestales mas representativas del lugar

Familia	Nombre Científico	Nombre Común	IVI al 300%	IVI al 100%
Fabaceae	Swartzia benthamiana Miq.	acero shimbillo	54.31	18.10
Euphorbiaceae	Alchornea triplinervia (Spreng.) Müll. Arg.	zancudo caspi	42.73	14.24
Euphorbiaceae	Nealchornea yapurensis Huber	huira caspi	25.67	8.56
Icacinaceae	Dendrobangia boliviana Rusby	palta caspi	23.01	7.67
Sapotaceae	Ecclinusa lanceolata (Mart. & Eichl.) Pierre	caimitillo	21.24	7.08
Urticaceae	Pourouma minor Benoist	sacha uvilla	15.98	5.33
Fabaceae	Parkia velutina Benoist	pashaco	13.17	4.39
Myristicaceae	Iryanthera lancifolia Ducke	cumala colorada	12.21	4.07
Myristicaceae	Iryanthera juruensis Warb.	cumalilla colorada	11.88	3.96
Burseraceae	Protium ferrugineum (Engl.) Engl.	copal colorado	11.62	3.87
Sapotaceae	Pouteria cladantha Sandwith	quinilla	11.49	3.83

Lauraceae	Ocotea gracilis (Meisn.) Mez	moena sin olor	11.47	3.82
Sapotaceae	Micropholis guyanensis (A. DC.) Pierre	balata	11.44	3.81
Burseraceae	Crepidospermum prancei Daly	copal blanco	11.32	3.77
Annonaceae	Xylopia cuspidata Diels	espintanilla hoja ancha	11.24	3.75
Arecaceae	Socratea exorrhiza (Mart.) H. Wendl.	casha pona	11.21	3.74
		Total	**300**	**100**

4.5.5 Complejidad Florística

Complejidad Florística de la zona evaluada fue 1/1, es decir, que por cada especie existía 1 árbol. (Tabla N° 45 y Grafico N° 33).

Tabla N° 45. Complejidad Florística, de especies forestales más representativas del lugar

Número de Especies	1
Número de árboles	1
COMPLEJIDAD FLORÍSTICA	1/1

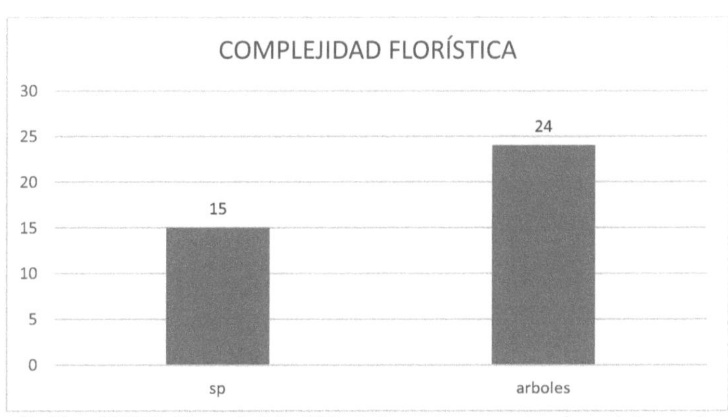

Gráfico N° 33. Complejidad Florística, de especies forestales más representativas del lugar

4.5.6 Análisis de la estructura horizontal

La estructura horizontal (Eh) de las especies en las parcelas evaluadas, está referido al diámetro de 24 árboles, en rangos de 10 cm a partir de 10 cm de dap, a 1.30 metros del suelo.

La clase diamétrica I, entre 10 cm y 19.9 cm de dap, fueron inventariados, 16 árboles, (66.67%). Cuantitativamente mayor, destacó, *Parkia velutina* Benoist, "pashaco", 19.2 cm, 01 árbol; *Ecclinusa lanceolata* (Mart. & Eichl.) Pierre, "caimitillo", 16.0 cm, 01 árbol; *Iryanthera lancifolia* Ducke, "cumala colorada", 15.5 cm, 01 árbol.

La clase diamétrica II, entre 20 cm y 29.9 cm de dap, fueron inventariados 04 árboles, (16.67%). Cuantitativamente mayor, destacaron, *Alchornea triplinervia* (Spreng.) Müll. Arg., "zancudo caspi", 27.3 cm, 01 árbol; *Ecclinusa lanceolata* (Mart. & Eichl.) Pierre, "caimitillo", 25.2 cm, 01 árbol.

La clase diamétrica III, entre 30 cm y 39.9 cm de dap, fue inventariado 01 árbol, (4.16%). Cuantitativamente mayor, destacó, *Alchornea triplinervia* (Spreng.) Müll. Arg., "zancudo caspi", 39.4 cm, 01 árbol.

La clase diamétrica IV, entre 40 cm y 49.9 cm de dap, fueron inventariados 02 árboles, (8.33%); destacaron, *Pourouma minor* Benoist, "sacha uvilla", 27.3 cm, 01 árbol; *Alchornea triplinervia* (Spreng.) Müll. Arg., "zancudo caspi", 27.3 cm, 01 árbol; *Ecclinusa lanceolata* (Mart. & Eichl.) Pierre, "caimitillo", 25.2 cm, 01 árbol.

La clase diamétrica V, entre 50 cm y 59.9 cm de dap, fue inventariado 01 árbol, (4.35%); destacó, *Swartzia benthamiana* Miq. "sacha cumaceba", 51.0 cm, 01 árbol. (Tabla N° 46 y Grafica N° 34).

Tabla N° 46. Estructura Horizontal, (Eh), de especies forestales más representativas del lugar

	CLASE DIAMÉTRICA	ARBOLES	
	(cm)	N°	(%)
I	10-19.99	16	66.67
II	20-29.99	4	16.67
III	30-39.99	1	4.16
IV	40-49.99	2	8.33
V	50-59.99	1	4.17
		24	100

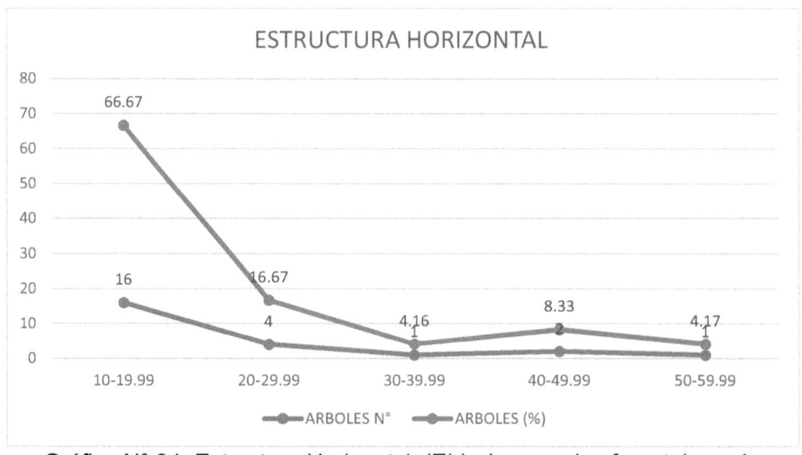

Gráfico N° 34. Estructura Horizontal, (Eh), de especies forestales más representativas del lugar

4.5.7 Análisis de la estructura vertical

La estructura vertical (Ev) o posición sociológica de las especies en la parcela evaluada, está referido a la altura total de cada uno de los 24 árboles reunidos en 15 especies diferentes.

Presentaron estructura vertical inferior, (EVI), hasta 9 metros de altura total, 06 árboles, (25.0%); destacó, *Iryanthera juruensis* Warb., "cumalilla colorada", 22 metros de altura, 01 arbol.

Presentaron estructura vertical media, (EVM), entre 09 y 14 metros de altura total, destacaron 10 árboles, (41.7%), reunidos en 8 especies forestales diferentes; sobresalió, *Ecclinusa lanceolata* (Mart. & Eichl.) Pierre, "caimitillo", 14 metros de altura, 01 árbol; *Iryanthera lancifolia* Ducke, "cumala colorada", 14 metros de altura, 01 árbol.

Presentaron estructura vertical superior, (EVS), con más de 15 m altura, 08 árboles, (33.3%); destacaron, *Swartzia benthamiana* Miq., "sacha cumaceba", 24 m de altura, 01 árbol; *Nealchornea yapurensis* Huber, "huira caspi", 23 m de altura, 01 árbol; *Alchornea triplinervia* (Spreng.) Müll. Arg., "zancudo caspi", 23 m de altura, 01 árbol. (Tabla N° 47 y Grafica N° 35).

Tabla N° 47. Estructura Vertical, (Ev), de especies forestales más representativas del lugar

	RANGO ALTURA TOTAL	ARBOLES	
	m	N°	%
INFERIOR	< 9	6	25.0
MEDIO	9-14	10	41.7
SUPERIOR	> 15	8	33.3
		24	100

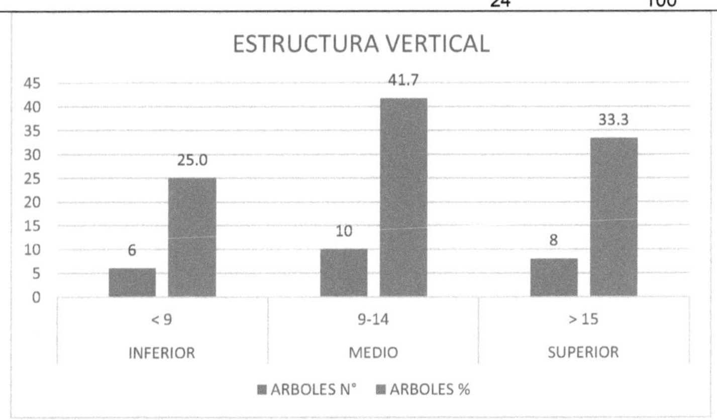

Gráfico N° 35. Estructura vertical, (Ev), de especies forestales más representativas del lugar

Tabla N° 48: Analisis de la estructura horizotal y vertical, de especies forestales mas representativas del lugar

Familia	Nombre Cientifico	Nombre Común	d (cm)	cd	h	ca
Euphorbiaceae	Alchornea triplinervia	zancudo caspi	27.3	20-29.99	17	15-19.99
Euphorbiaceae	Alchornea triplinervia	zancudo caspi	15	10-19.99	13	10-14.99
Euphorbiaceae	Alchornea triplinervia	zancudo caspi	11.4	10-19.99	14	10-14.99
Lauraceae	Ocotea gracilis	moena sin olor	11.9	10-19.99	9	5-9.99
Fabaceae	Swartzia benthamiana	sacha cumaceba	40.4	40-49.99	22	20-24.99
Myristicaceae	Iryanthera lancifolia	cumala colorada	15.5	10-19.99	14	10-14.99
Urticaceae	Pourouma minor	sacha uvilla	27.3	20-29.99	20	20-24.99
Euphorbiaceae	Alchornea triplinervia	zancudo caspi	39.4	30-39.99	23	20-24.99
Arecaceae	Socratea exorrhiza	casha pona	10.3	10-19.99	7	5-9.99
Fabaceae	Swartzia benthamiana	acero shimbillo	51	50-59.99	24	20-24.99
Fabaceae	Swartzia benthamiana	acero shimbillo	23	20-29.99	12	10-14.99
Annonaceae	Xylopia cuspidata	tortuga caspi	10.5	10-19.99	12	10-14.99
Icacinaceae	Dendrobangia boliviana	umaricillo	11.5	10-19.99	7	5-9.99
Burseraceae	Protium ferrugineum	copal colorado	12.7	10-19.99	5	5-9.99
Burseraceae	Crepidospermum prancei	copal blanco	11	10-19.99	9	5-9.99
Icacinaceae	Dendrobangia boliviana	umaricillo	15.4	10-19.99	14	10-14.99
Icacinaceae	Dendrobangia boliviana	umaricillo	14.2	10-19.99	13	10-14.99
Sapotaceae	Micropholis guyanensis	balata rosada	11.7	10-19.99	12	10-14.99
Sapotaceae	Pouteria cladantha	quinilla	12	10-19.99	11	10-14.99
Fabaceae	Parkia velutina	pashaco	19.2	10-19.99	19	15-19.99
Euphorbiaceae	Nealchornea yapurensis	huira caspi	45.2	40-49.99	23	20-24.99
Myristicaceae	Iryanthera juruensis	cumalilla colorada	14	10-19.99	9	5-9.99
Sapotaceae	Ecclinusa lanceolata	caimitillo	16	10-19.99	14	10-14.99
Sapotaceae	Ecclinusa lanceolata	caimitillo	25.2	20-29.99	16	15-19.99

Leyenda: diametro (d), clase diamétrica (cd), altura (h), clase altimétrica (ca).

Ilustracion N° 06:   Perfil de abundancia de las especies forestales mas importantes de la zona evaluada

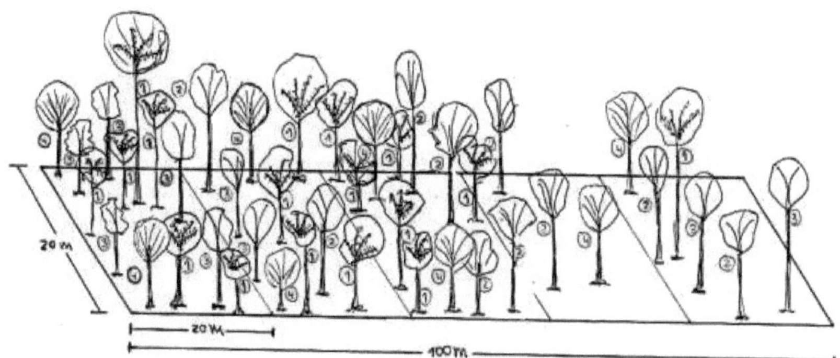

Elaborado: Dario Davila Paredes, (2024).
LEYENDA:
FABACEAE: *Parkia velutina*, "pashaco", 17 arboles (1).
SAPOTACERAE: *Ecclinusa lanceolata*, "caimitillo", 10 arboles (2).
ANNONACEAE: *Xylopia cuspidata*, "tortuga caspi" , 10 arboles, (3).
EUPHORBIACEAE: *Hevea pauciflora*, "shiringa", 8 árboles (4).

Ilustracion N° 07:   Perfil de estructura vertical de las especies forestales mas importantes de la zona evaluada

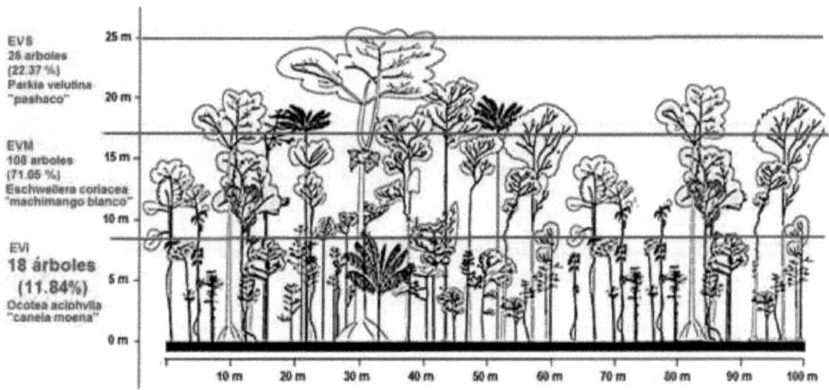

V.   DISCUSION DE LOS RESULTADOS

1. El método aplicado, cumple satisfactoriamente los requisitos para ser considerado en otros inventarios forestales, parcelas 6 000 m² (0.6 ha.), en bosques amazónicos a ello se lo puede entender a través de inventarios locales pequeños [98, 55, 58], relacionados a características abundancia, frecuencia, dominancia, (IVI), complejidad florística y estructura horizontal y vertical.

2. El área (0.6 has), registró 152 árboles, representó 23 familias, 43 géneros, 64 especies forestales; familias importantes y representativa del bosque terraza media, con mayor número de géneros, especies: Fabaceae, 6 géneros, 8 especies, 29 árboles, "pashaco"; Lauraceae, 5 géneros, 11 especies, 21 árboles, "moena"; Sapotaceae, 4 géneros, 7 especies, 19 árboles, "caimitillo"; Euphorbiaceae, 4 géneros, 4 especies, 16 árboles, "shiringa"; Annonaceae, 1 género, 1 especie, 10 árboles, "espintanilla hoja ancha". Estas 5 familias sumaron 95 árboles (62.5 %) del total; resultados confirmados, en el texto flórula de tres reservas de Iquitos, las 10 familias botánicas presente en inventarios forestales amazónicos: Fabaceae, Lauraceae, Annonaceae, Rubiaceae, Moraceae, Myristicaceae, Sapotaceae, Meliaceae, Arecaceae y Euphorbiaceae, aportan (74.6%) y, contribuye el 73% de especies en muestreos de 0.1 ha.; sin embargo, 8 de 10 familias siempre están presentes dentro del bosque amazónico, aportan el mayor número de especies [55, 58, 57]; las familias Fabaceae, Euphorbiaceae, y Myristicaceae, son las más representativas dentro Reserva Nacional Allpahuayo-Mishana [102, 99]; estos resultados también fueron verificados con exsiccata que existen en el AMAZ, colecciones de diferentes autores.

3. En tres parcelas (0.6 ha.), la familia más abundante fue Fabaceae, representado por *Parkia velutina*, 17 árboles, (11.18%), coinciden con el inventario estructura horizontal y vertical de dos tipos de bosque realizados en la Región Madre de Dios, entre otras, la especie más abundante fue Fabaceae, *parkia velutina* "pashaco", 17 árboles, representó 70.43%, del total, [44]; otra investigación referida a estructura y composición florística de comunidades vegetales, carretera Iquitos-Nauta, en 5 parcelas (1 ha.), se registró 1 502 árboles diferentes, de 10 cm de DAP, siendo Fabaceae la familia más importante, *Inga dumosa* "shimbillo", representó 16.85% del total de individuos evaluados [43].

4. Referente a la Frecuencia, en 4 las parcelas, la familia y especie más importante fue Fabaceae, *Parkia velutina*, "pashaco", con frecuencia absoluta 4, (40%), coincide con lo registrado en un trabajo de investigación: análisis estructural de un bosque de terraza media en la reserva nacional allpahuayo-mishana, la familia con mayor frecuencia fue Fabaceae, *Inga dumosa* [103].

5. Las 3 especies con mayor dominancia fue *Parkia velutina* "pashaco", 0.59 m², *Swartzia benthaminana*, "acero shimbillo", 0.39 m²; *Ecclinusa lanceolata*, "caimitillo", 0.33, m² y *Tapirira guianensis*, "huira caspi", 0.31 m²; coincide con lo registrado en el estudio sobre análisis estructural de un bosque de terraza media en la reserva nacional allpahuayo-mishana, con mayor dominancia fue

Fabaceae, *inga dumosa*, [103]; otro inventario sobre estructura horizontal y vertical en dos tipos de bosque, Región Madre de Dios, la especie más dominante fue familia Fabaceae, *parkia velutina* "pashaco", con 6.61 m^2, de 1502 árboles [44].

6. El Indice valor de importancia (IVI) de 64 especies diferentes, fueron: Fabaceae, géneros *Parkia, Macrolobium* y *Swartzia*, "pashaco", "sacha cumaceba", Sapotaceae, género *Ecclinusa*, "caimitillo", Annonaceae, género *Xylopia,* "espintanilla hoja ancha"; Lauraceae, género *Ocotea*, "moena"; Euphorbiaceae, géneros *Hevea* y *Alchornea*, "shiringa" y "zancudo caspi"; Urticaceae, género *Pourouma*, "sacha uvilla". 08 especies, representó 43.3% del total. Este resultado, coinciden con el IVI, encontrado en el trabajo de investigación análisis estructural de un bosque de terraza media, reserva nacional allpahuayo mishana, que Fabaceae, *Inga sp.*, registró 11 especies y representó el 50% del total [43]. Ademas en un estudio de investigación sobre zonificación ecológica y económica, alto amazonas, se determinó que, la especie más importante, fue *Parkia igneiflora*, "goma pashaco", representado por 16,45% [89, 101].

7. Complejidad Florística, fue 1/3, es decir, por cada especie existía 3 árboles. Coincide en bosques amazónicos, el coeficiente de mezcla o complejidad florística varía entre 1:3 y 1:4 [24].

8. Caracterizar la estructura horizontal y vertical de los árboles, estuvo considerado altura total de todos los árboles, (ej. Killeen *et al.,* 1988 y Lamprecht, 1990). En estructura horizontal, el mayor porcentaje de 152 árboles se registró en la clase diamétrica I (10-14,9 cm, DAP), reunido en 65 árboles, representó el 42.76%; resultado que coincide en análisis estructural de un bosque de terraza media, reserva nacional allpahuayo-mishana, el mayor porcentaje (58.06%), se encontró distribuidos, clase II (10-19,9 cm DAP), [43]. Referente a la estructura vertical, se estableció 3 estratos: inferior, medio y superior. Clase media (9-17m), registró 108 árboles, (71.05%), reunidos en 8 especies diferentes; sobresalió, *Eschweilera coriacea*, "machimango blanco"; *Pouteria torta*, "quinilla blanca"; *Alchornea triplinervia*, "zancudo caspi"; resultado que coincide con un estudio sobre el análisis estructural de un bosque de terraza media, realizado en reserva nacional allpahuayo mishana, la estructura vertical media (10-14.9 m), las especies *Inga* sp. y *Eschweilera* sp. son las más abundantes, representó 2.32% del total, [100].

VI.   CONCLUSIONES

1. En 1 hectarea (10 000 m^2), se diseñó 3 parcelas, 20 m x 100 m, dividido en 5 parcelas de 20 m x 20 m y sub dividido en parcleas de 10 m x 10 m, 5 m x 5 m y 2 m x 2 m, (0.6 ha.).

2. La diversidad florística de 152 árboles, fue agrupado en 23 familias, 43 géneros 64 especies diferentes.

3. Abundancia: *Parkia velutina,* 17 árboles (10.53%), *Ecclinusa lanceolata,* "caimitillo", 10 árboles, (6.58%); *Xylopia cuspidata,* "espintanilla hoja ancha", 10 árboles, (6.58%); *Hevea pauciflora,* "siringa", 8 árboles, (5.26%); *Sloanea guianensis,* "casa huayo", 7 árboles, (4.61%). Estas 05 principales especies forestales, sumaron un total 52 árboles, representó 34.21% del total.

4. Frecuencia de especies, en 04 parcelas, registró 4 especies diferentes (40%), frecuencia absoluta 4, destacó *Parkia velutina*; en 03 parcelas, se registró 05 especies diferentes (30%), frecuencia absoluta 3, destacó *Ecclinusa lanceolata*; en 02 parcelas, 14 especies diferentes (20%), frecuencia absoluta 2, destacó *Ocotea aciphylla*, en 01 parcela, 33 especies locales (10%), frecuencia absoluta 1, destacó *Anaueria brasiliensis*. En total sumaron 56 especies diferentes.

5. Dominancia, referido al área basal de 152 árboles; fue Fabaceae, género *Parkia*, sumaron un sub total 1.61 m^2 área basal, representó 28.72% del total.

6. Especie con mayor IVI: *Parkia velutina,* "pashaco", (8.7%); entre otros, representó el 43.3% del total.

7. Complejidad florística, fue 1/3, es decir, que por cada especie existía 3 árboles.

8. Estructura horizontal, referido al diámetro; clase diamétrica I, (10-14.9 cm DAP), registró 65 árboles, (42.76 %). Cuantitativamente mayor, destacó, *Micropholis egensis,* "quinilla" 14.9 cm, 01 árbol; clase diamétrica X, (55-59.9 cm DAP), cuantitativamente mayor *Parkia velutina,* "pashaco", 57.8 cm, 01 árbol, del total.

9. Estructura vertical, referido altura total, de 152 árboles, reunidos en 64 especies diferentes, el estrato inferior (09-17m), cuantitativamente mayor, con 108 árboles, (71.05%); fue *Eschweilera coriácea,* (14 m altura), "machimango blanco".

VII.   RECOMENDACIONES

1. Antes de aprovechar y reforestar el bosque, primero evaluar el IVI, para determinar que especies forestales se adaptaron ecológicamente a las condiciones naturales de la zona y permita un óptimo crecimiento de las especies, en selva baja de la Amazonía Peruana.

2. Realizar similares trabajos de investigacion, a lo largo de las diferentes cuencas Amazonica, obtener datos básicos y detallados, para el éxito en el manejo sostenible de este recurso natural, para el desarrollar de la región Loreto.

3. Sensibilizar de las fortalezas y debilidades, de los diferentes tipos de ecosistemas de la vegetacion, para que su aprovechamiento sea sostenible.

VIII. REFERENCIAS BIBLIOGRÁFICAS

1. MINAM. Memoria Descriptiva del Mapa de Ecozonas del Inventario Nacional Forestal y de Fauna Silvestre del SERFOR. Servicio Nacional Forestal y de Fauna Silvestre. 2019. 14 p.

2. MEJÍA CARHUANCA, K. Diagnóstico de recursos vegetales de la Amazonia Peruana. Documento Técnico N° 16. Instituto de Investigaciones de la Amazonía Peruana. Iquitos - Perú. Octubre. 1995. 4-9 p.

3. Servicio Nacional Forestal y de Fauna Silvestre. (2019). Informe del Inventario Nacional Forestal y de Fauna Silvestre del Perú. Servicio Nacional Forestal y de Fauna Silvestre. Dirección General de Información y Ordenamiento Forestal y de Fauna Silvestre. Dirección de Inventario y Valoración. Diciembre. 5, p.

4. ALVIS GORDO, JOSE F. (2009). Structural Analysis of a natural forest área located in the rural municipalito f Popayán. Facultad de Ciencias Agropecuarias. Grupo de Investigacion TULL. Universidad de Cauca.

5. BRAKO, L. & J. ZARUCCHI. Catalogue of the Flowering Plants and Gymnosperms in Perú. Monographs in Systematic Botany from the Missouri Botanical Garden, 45. St. Louis. 1993. 1286 p.

6. BENAVIDES, M. Amazonía Peruana. Áreas Protegidas y Territorios Indígenas [notas para o mapa]. Instituto del Bien Común. 2009. 1 p.

7. Vásquez Martínez, R. y Rojas Gonzáles, R. del P. Plantas de la Amazonia Peruana. Clave para Identificar las Familias de Gymnospermae y Angiospermae. ARNALDOA. Revista del Museo de Historia Natural. Universidad Privada Antenor Orrego. 2006. 23 p.

8. MACIEL-MATA, C.A., N. MARQUEZ-MORÁN, P., OCTAVIO-AGUILAR & G. SANCHEZ ROJAS. El área de distribución de las especies: Revisión del concepto. Acta Univeristaria. N° 25(2). 2015. 15 p.
9. KREBS, J. 1989. Ecology Methodology. Haroer & Row, Publishers, New York.

10. ARANA, V. F. Estudio de la Estructura florística de especies forestales de un sector del bosque de la parcela 105 AACD "El Paujil", Sector de la Reserva Nacional Allpahuayo-Mishana". Iquiros-Perú. 2016. 25 p.

11. ROJAS, M. V. W.; ESTEVES-VARON, J.V.; RONCANCIO, N. Estructura y composición florística de remanentes de bosque húmedo tropical en el oriente de Caldes. Colombia. Boletín Científico de Historia Natural. Vol. 12, 2008. 24-37 pp.

12. RUIZ TAMANI, WILLER E. Composición Florística y Estructura Horizontal de la Vegetación Arbórea del Arboretum "El huayo", Loreto-Perú. Tesis para

optar el título de Ingeniero Forestal. Escuela de Formación Profesional de Ingeniería Forestal. Facultad de Ciencias Forestales. 2018. v. p.

13. ERAZO ARÉVALO, POOL S. Composición Forestal, Estructura Horizontal y Diversidad de los Bosques de Colina Baja Ligeramente Disectada, en el Ámbito de la Carretera Iquitos - Nauta, Loreto, Perú. 2014. Tesis para optar el grado de Ingeniero en Ecología de Bosques Tropicales. Escuela de Formación Profesional de Ingeniería en Ecología de Bosques Tropicales. Facultad de Ciencias Forestales. UNAP. 2019. v. p.

14. Alvarez-Montalván, C. E., Manrique-León, S., Vela-Da Fonseca, M., Cardoza-Soarez, J., CAllo-Ccorcca, J., Bravo-Camara, P., Castañeda Tinco, I., & Alvarez-Orellana, J. Composición florística, estructura y diversidad arbórea de un bosque amazónico en Perú. *Scientia Agropecuaria*. 2021.12 (1), 73-82 p.

15. ALARCÓN MOZOMBITE, EDWARD J. Composición, Estructura y Diversidad Florística en Nueve Localidades de la Región Loreto, 2011 (Nor-Este del Perú). Tesis para optar el título profesional de Biólogo. Escuela de Formación Profesional de Biología. Facultad de Ciencias Biológicas. UNAP. 2021. xi. p.

16. SABOGAL, C. Estudio de caracterización ecológico-silvicultural del bosque "copal" en Jenaro Herrera (Loreto-Perú). Tesis para optar el título de Ingeniero Forestal. Universidad Nacional Agraria La Malina. Lima. 1980. 379 p.

17. FINOL, H. La silvicultura en la Orinoquia Venezolana. Mérida, Venezuela, Universidad de los Andes. Facultad de Ciencias Forestales. 1974. 29 p.

18. LAMPRECHT, H. Structure and function of South American Forests. De: Ecosystem research in South America, Biogeographica, v.B. The Hague.1977.

19. SABOGAL, C. Estudio de caracterización ecológico-silvicultural del bosque "copal" en Jenaro Herrera (Loreto-Perú). Tesis para optar el título de Ingeniero Forestal. Universidad Nacional Agraria La Molina. Lima. 1980. 379 p.

20. GENTRY, A. Diversidad florística y fitogeográfica de la Amazonia. Memorias del Simposio Internacional Investigación y Manejo de la Amazonia. Libro 1. INDERENA. Colombia, 1989. 65 - 70 pp.

21. RICHARDS, P. The Tropical rain forest, an ecological study. Cambridge University. 1966. 450 p.

22. HOLDRIDGE, L. Ecología basada en zonas de vida. Instituto Interamericano de Ciencias Agrícolas (IICA). San José, Costa Rica. Trad. H. Jimenez. 1978. 216 p.

23. LOUMAN, B. Bases ecológicas. En: Louman Bastiaan, David Quiros Dávila, y Margarita Nilson (editores). Silvicultura de bosques latifoliados con énfasis en América central. Turrialba – Costa rica. Serie técnica. Manual técnico/CATIE: N° 46. 2001. 265 pp.

24. LAMPRECHT. Silvicultura en los trópicos; los ecosistemas forestales en los bosques tropicales y sus especies arbóreas - posibilidades y métodos para un aprovechamiento sostenido. Instituto de silvicultura de la Universidad de Gottingen - Alemania. Traducido por Antonia Garrido, Alemania. 1990. 335 pp.

25. GENTRY, A. Tree species richness of the upper Amazonian forest. Proc. Natl. Acad. Sci. 1988. 85: 156-159 p.

26. GENTRY, A. Sumario de patrones fitogeográficos neotropicales y sus implicaciones para el desarrollo de la Amazonía. Revista Academia Colombiana de Ciencias 1986. 85: 101-116 p.

27. ESCOBAR, N. Diagnóstico de la Composición Florística Asociada a Actividades Agropecuarias en el Cerro Quinini (Colombia). Revista Ciencias Agropecuarias. Universidad de Cundinamarca. 2013. 1 p.

28. Villarreal, H., Álvarez, M., Córdoba, S., Escobar, F., Fagua, G. y Gast, F. Manual de métodos para el desarrollo de inventarios de biodiversidad. Programa de inventarios de Biodiversidad Grupo de Exploración y Monitoreo Ambiental (GEMA). Instituto de Investigación de Recursos Biológicos Alexander von Humbold. Bogotá, Colombia. 2004.

29. AGUIRRE, Z. Guía para estudios de composición florística, estructura y diversidad de la vegetación natural. Universidad San Francisco Xavier de Chuquisaca, Sucre, Bolivia. 2010.

30. FONSECA, K. Restauración de la cobertura vegetal en la Reserva Forestal Monte Alto-Hojancha. Instituto Costarricense. Turrialba-Costa Rica. 2002. 95 p.
31. LAMPRECHT, H. Ensayo sobre la estructura florística de la parte Sur Oriental del bosque universitario "El caimital" Rev. *Forestal venezolana*. N° 7(10). 1990. 77-119 p.

32. QUESADA, M. Composición florística y estructural de un bosque primario. Escuela de ingeniería forestal. Instituto Tecnológico de Costa Rica. 2000. 15 p.

33, BUDOWSKI, G. La conservación como instrumento para el desarrollo. [Antología]. San José, Costa Rica. Editorial UNED. 1985. 398 p.

34. FINEGAN, B. y SABOGAL. C. El desarrollo de sistemas de producción sostenible en bosques tropicales húmedos de bajura: un estudio de caso de Costa Rica. El Chasqui (CR), 1988. N°17. 1988. 3-24 p.

35. HUTCHINSON, I. D. Points of departure for silvicultura in humid tropical forests. Common wealth Forestry Review. (G.B.). N° 67(3). 1988. 223-230 p.

36. MAGURRAN, A. E. Ecologycal diversity and its measuremet. Princeton University Press, New Jersey. 1988.

37. KREBS, C. J. *Ecological methodology.* Harper Collins Publ. 1989. 654 pp.

38. LAMPRECHT, H. Ensayo sobre la estructura florística de la parte sur oriental del bosque universitario "El Caimital". Estado Barinas. Revista Forestal Venezolana. N° 6. 1964. 10-11 p.

39. Sabogal, C.; Carrera, F.; Colan, V.; Pokorny, B. & Louman B. Manual para la Planificación y Evaluación del Manejo Forestal Operacional en Bosques de la Amazonía Peruana. Proyecto INRENA-CIFOR-FONDEBOSQUE. Lima, Perú. 2004.

40. SABOGAL, C. Estructura y Dinámica de un Bosque en la Región de Pucallpa (Amazonía Peruana). Instituto de Silvicultura del Trópico e Investigación en Bosque Natural. UNALM. Lima-Perú. 1983. 31 p.

41. AMARAL, P.; VERISSIMO, A.; BARRETO, P. & VIDAL, E. Bosque para Siempre. Manual para la Producción de Madera en la Amazonía. WWF. USAID. ASDI. Talleres Gráficos de Artegrafía SRL. Lima-Perú. 2005. 161 p.

42. MINAM. Mapa Nacional de Cobertura Vegetal. Memoria descriptiva/ Ministerio del Ambiente, Dirección General de Evaluación, Valoración y Financiamiento del Patrimonio Natural. Lima: MINAM, 2015.

43. ZÁRATE, R.; T. MORI; J. MACO. Estructura y composición florística de las comunidades vegetales del ámbito de la Carretera Iquitos–Nauta, Loreto, Perú. Folia Amazónica N° 22(1-2). 2013. 77-89 p.

44. QUISPE VILLAFUERTE, W. "Estructura Horizontal y vertical de dos tipos de bosque concesionados en la Región Madre de Dios". Tesis para optar el título de ingeniero forestal. Universidad Nacional Amazónica de Madre de Dios Ambiente. Puerto Maldonado - Perú. 2010.

45. Departamento de Fomemto Forestal. Manejo forestal: Elaboración de planes de manejo y planes operativos de aprovechamiento en bosques húmedos tropicales. Instituto Nacional Forestal. Nicaragua. 2006.

46. MORENO LOZANO, J. M. Estructura Horizontal y Valoración Económica de las especies de madera comercial en cuatro tipos de Bosques, Distrito de Torres Causana. (Tesis de Pregrado). Universidad Nacional de la Amazonia Peruana - Perú. 2015.

47. OROZCO, L.; C, BRUMER. 2002. Inventario forestal para bosques latifoliados en América central. Serie técnica, (CATIE) N°50. Turrialba (Costa Rica), 2002, pag. 35-68.

48. KREBS, CH. J. Ecología de la Distribución y la Abundancia. Trad. por Jorge Blanco Correa. 2 ed. México. Industria Editorial. 1985.

49. FRANCO, L.J., FIGUEROA, E., CARRASCO, A. Y TORRES, J. Manual de Ecología 2 reimp. México Editorial trillas, S.A. de C.V. 1989.

50. UNESCO. Conferencia Mundial sobre Las Políticas Culturales (MONDIACULT). 1982.

51. AGUILAR FLORES, J.A. Estructura Horizontal y volumen maderable en bosques del ámbito de la carretera Iquitos - Nauta, Loreto, Perú". Tesis para optar el título de ingeniero forestal escuela de formación profesional de ingeniería forestal. Facultad de ciencias forestales. Iquitos-Perú. 2014. 30 p.

52. UGALDE, L. Conceptos Básicos de Dasometría. Programa suizo de cooperación para el desarrollo (DDA), Información y documentación Forestal para América tropical, Turrialba -Costa Rica. 1981.

53. PARDÉ, J.; BOUCHON, J. Dasometria. 2ed. Trad. del francés por Antonio Prieto Rodríguez. Madrid, España. Editorial: Paraninfo S. A. 1994.

54. GÓMEZ, D. Composición florística en el bosque ribereño de la cuenca alta San Alberto. Oxapampa. Tesis. Universidad Nacional Agraria La Molina, Lima-Perú. 2000. 59 p.

55. GENTRY, A. Sumario de patrones fitogeográficos neotropicales y sus implicaciones para el desarrollo de la Amazonía. Revista Academia Colombiana de Ciencias 1986. 85: 101-116 p.

56. VÁSQUEZ MARTÍNEZ, R. Flórula de las Reservas Biológicas de Iquitos, Perú. Allpahuayo-Mishana, Explornapo Camp, Explorama Lodge. Editado por Agustín Rudas Lleras y Charlotte M. Taylor. Auspiciado por John D. and Catherine T. MacArthur Foundation. Apoyo adicional de Instituto de Investigaciones de la Amazonía Peruana (IIAP). Explorama Tours S. A. Missouri Botanical Garden. 1997.

57. AYALA FLORES, F. Taxonomía Vegetal. Gimnospermae y Angiospermae de la Amazonia Peruana. Impreso CETA. Vol. I y II, Edicion I. 2003.

58. VASQUEZ, R. Flórula de las Reservas Biológicas de Iquitos - Perú. Monographs in Systematic Botany from the Missouri Botanical Garden. Vol. N° 63. Missouri Botanical Garden Press. St. Louis 1046 pags. 1997.

59. CHEESSON, P & T. CASE. Overview. Nonequilibrium Community theories: change, variability, history, and coexistence. In community Ecology. Harper and Row. N. York. p 229- 238. 1986.

60. FOSTER, R. & S. HUBBEL. Estructura de la vegetación y composición de especies de un lote de cincuenta hectáreas en la isla de Barro Colorado en

ecología de un Bosque Tropical. Ciclos estaciónales y cambios a largo plazo. Pg. 129-140. 1990.

61. THORINGTON, R. B. TANNENBAUM, A. TARAK & R. RUDRAN. Distribución de los árboles en la isla de barro Colorado: una muestra de cinco hectáreas. En ecología de un bosque tropical. Ciclos estaciónales y cambios a largo plazo. Egbert G, Stanley R. & D. Windson editorers. Smithsonian Tropical Research. Institute, balboa, Panamá. Pg. 129-140. 1990.

62. Valencia, R. H. Basley & G. Paz y Minoc. High tree alpha-diversity in amazonian Ecuador. Biodiversity and Conservation 3: 21-28. 1994.

63. Spichiger, R. *et al.* Tree species richness of a South- Westem Amazonian Forest (Jenáro Herrera, Perú, 73.40' W'/4.54' S). Candollea 51 (2): 559-577. 1996.
64. https://reefresilience.org.

65. MALLEUX, J. 1982. Inventario Forestal en Bosques Tropicales. Lima-Perú, 193 p.

66. LAMPRECH, H. 1962. Ensayos para métodos del análisis estructural de bosques tropicales. Acta Científica Venezolana. 13(2): 57-65.

67. PACHECO, T. y TORRES, J. Analisis de Dispersion de Doce Especies Forestales del CIEFOR – Puerto Almendra. Universidad Nacional de la Amazonia Peruana. Iquitos-Peru. 51 p.

68. MINISTERIO DE AGRICULTURA. Guia Explicativa del Mapa Forestal. INRENA. Lima-Peru. 25 p.

69. ONERN. 1976. Mapa ecológico del Peru. Guia descriptiva. Lima-Peru. 1-146 p.

70. BRAKKO, L. & J. ZARUCCHI. 1993. Catalogue of the Flowering Plants and Gymnosperms in Peru. Monographs in Systematic Botany from the Missouri Botanical Garden, 45 St. Louis. 1286 p.

71. VASQUEZ MARTINES, R. 1997. Florula de las Reservas Biologicas de Iquitos, Peru. Allpahyuayo-Mishana, Explornapo Camp, Explorama Lodge. Missouri Botanical Garden.

72. MATTEUCCI, S. & COLMA, A 1982. Metodología para el estudio de la vegetación. Venezuela, p. 99.

73. FRANCO, J. *et. al.* 1995. Manual de ecología Editorial Trillas. Tercera Reimpresión. 266 p.

74. FREITAS, E. 1986. "Influencia del aprovechamiento maderero sobre la estructura y composición floristica de un bosque ribereño alto en Jenaro

Herrera-Perú". Tesis para optar el título de Ingeniero Forestal-UNAP/FIF. Iquitos. 171 p.

75. ROLLET, B. 1994. L´ architecture das Forest denses humides sempervirentes de plaine Centre Technique Forestier Tropical, Nogent. Sur Mana. France. 298 p.

76. MARMILLOD, D. 1982. Methodik und ergeb nisse Von Untersuchungen Uber Zusammensetzumg und Autban eines Terrassenwaldes in peruanischen amazonien. Dissertation. Goftingen, Alemania, Georg-Aujust-Universrtat Gottingen. 198 p.

77. TELLO, C. 1995. Caracterización ecológica por el método de los sextantes de la vegetación arbórea de un bosque tipo varíllal de la zona de Puerto Almendras, Iquitos-Perú. Tesis para optar el título de Ingeniero Foresta. MJNAP/FIF. Iquitos, Perú. 104 p.
78. ZUÑIGA, G. 1985. Análisis Estructural de un bosque intervenido en la zona de Arto Shori-Chanchamayo (Selva central). Documento de trabajo. San Ramón, 98 p.

79. MACEDO, M. 1993. Aspectos biológicos de un cemadao Mesotrópico ñas cercanías de Guiaba, Mato Grosso.

80. Campbell, P.; Comiskey, J.; Alonso, A.; Dallmeier, F.; Núñez, P.; Beltrán, H.; Baldeón, S.; Nauray, W.; De la Colina, R.; Acurio, L. & S. Udvardy. 2002. Modified Whittaker plots as an assessment and monitoring tool for vegetation in a lowland tropical rainforest. Environ Monit Assess, 76(1):19-41.

81. Alonso, A. & F. Dallmeier (Eds.). 1998. Biodiversity Assessment and Long-term Monitoring of the Lower Urubamba Region in Perú: Cashiriari-3 Well Site and the Camisea and Urubamba Rivers. SI/MAB Series # 2. Smithsonian Institution/MAB Program. Washington, DC. 298 páginas.

82. Comiskey, J. A.; Campbell, J. P.; Alonso, A.; Mistry, S.; Dallmeier, F.; Núñez, P.; Beltrán, H.; Baldeón, S.; Nauray, W.; de la colina, R.; Acurio, L. & S. Udvardy. 2001. The vegetation communities of the Lower Urubamba Region, Peru. En: Alonso, A. F.

83. Martinez Bardales, Clessy L. 2010. Análisis Estructural de un Bosque de Terraza Media en la Reserva Nacional-Allpahuayo-Mishana, Loreto- Perú. Tesis para optar el título de Ingeniero en Ecología de Bosques Tropicales. Escuela de Formación Profesional de Ingeniería en Ecología de Bosques Tropicales. Facultad de Ciencias Forestales. Iquitos-Perú.

84. KENNY SANGAMA GONZALES. Estructura Horizontal y Diversidad de un Bosque de Terraza Alta en un Predio Privado en la Cuenca del Río Amazonas, Distrito de Punchana, Loreto-Perú. Tesis para optar el título profesional de Ingeniero en Ecología de Bosques Tropicales. Faculta de Ciencias Forestales. Iquitos - Perú. 2015.

85. AMARAL VERISSIMO, A.; BARRET, P.; VIDAL, E. 2005. Bosques para siempre. Manual para la producción de la madera en la Amazonia. WWF, AMAZON, USAID ASDI. Lima – Peru. 161 p.

86. SAHUARICO FACHIN, ABNER ANDERSON. 2010. Estudio de la Regeneración Natural de un Bosque de Terraza Media, Cuenca del rio Nanay. Iquitos, Loreto, Perú. Tesis para optar el título de Ingeniero Forestal. Facultad de Ciencias Forestales. Iquitos - Perú.

87. ROJAS TUANAMA, R.; TELLO ESPINOZA, RODIL. 2006. Abundancia y Stock de la Regeneración Natural de Especies Forestales en el Bosque Varillal del CIEFOR, Iquitos - Perú. Facultad de Ciencias Forestales. Iquitos - Perú.

88. FREITAS VÁSQUEZ, ROSA MARÍA. 2017. Análisis de la Regeneración Natural de dos Bosques de Terraza Alta de la Comunidad de Salvador Rio Napo, Departamento de Loreto - Perú. Tesis para optar el título de Ingeniero Forestal. Facultad de Ciencias Forestales. Iquitos - Perú.

89. WADSWORTH, F. 2000, Los bosques primarios y su productividad. En: Producción forestal para america tropical. Manual de agricultura 710-S. USDA. Washingtond, OC. Pág 69-109.

90. ROLLET, V. 1971. La Regeneración Natural en Bosques Densos siempre verde de la Llanura de la Guayana Venezolana. Boletin del Instituto Forestal Latinoamericano de Investigación y Capacitación (Venezuela). (35) 39-73 p.

91. WHITMORE, T. 1984. Tropical Rain forest of the Far East. Oxford. G. B. Clarendon Press. 341 p.

92. SCHULZ, J. P. 1967. La Regeneración Natural de la selva Mesofrtica Tropical de Surinam, después de su aprovechamiento. Boletin del Instituto Capacitación. Venezuela (23). 27 p.

93. SCHWYZER, A., 1981. Levantamiento de la Regeneración Natural y su utilización en la reforestación. Proyecto de Asentamiento de Rural Integral Jenaro Herrera. Boletin Técnico No 07. Iquitos- Perú. 18 p.

94. FINEGAN, B. 1992. Bases Ecológicas para la Silvicultura. V Curso Intensivo Internacional de Silvicultura y Manejo de Bosque Naturales Tropicales - CA TIE- Costa Rica. 170 p.

95. HARTSHORN, A. 1980. Dinámicas de los Bosques Neotropicales. Serie de Facsímiles No 08. Centro Científico Tropical San José de Costa Rica. Costa Rica. 26 p.

96. LOUMAN, By STANLEY, S. 2002, Análisis e interpretación de resultados de inventarios forestales: En: L. Orosco y C. Brumer (editores). Inventario forestal para bosques latifoliados en América Central. Serie Técnica, Manual Técnico N° 50, Centro Agronómico Tropical de Investigación y Enseñanza. CATIE. Turrialba, Costa Rica. 263 p.

97. PAIMA ESPINOZA, PIERO C. Estructura y Composición Florística del Bosque de Terraza Media Adyacente al Arboretum "el huayo", CIEFOR-Puerto Almendras, Río Nanay, Iquitos-Perú. Tesis para optar el título de Ingeniero en Ecología de Bosques Tropicales. Facultad de Ciencias Forestales - UNAP. Iquitos - Perú. 2012. vi-vii p.

98. Pitman, N.C A. 2005. An overview of the Los watershed, Madre de Dios, southeastem Peru. ACCA. Manuscrito no publicado. 51 p.

99. GARCÍA, G. J., CLAUSSI, A.; MARMILLOD, D.; y BLASER, J., 1975. Estudio Integral de un Bosque Húmedo Tropical en la Zona de Jenaro Herrera. (Iquitos).

100. Informe del Inventario Nacional Forestal y de Fauna Silvestre del Perú. Servicio Nacional Forestal y de Fauna Silvestre. Dirección General de Información y Ordenamiento Forestal y de Fauna Silvestre. Dirección de Inventario y Valoración. Diciembre. 2019. 144 p.

101. Zonificación Ecológica y Económica Temático Forestal, Provincia de Alto Amazonas (2013). Informe de Evaluación del Temático Forestal. Instituto de Investigaciones de la Amazonia Peruana. Municipalidad Provincial de Alto Amazonas. Gobierno Regional de Loreto. 21 p.

102. Instituto de Investigaciones de la Amazonía Peruana, IIAP. Banco Mundial. 2002. Estudio de Zonificación Ecológica Económica de la cuenca del río Nanay. Iquitos – Perú.

103. Martínez, P. 2010. Proyecto Mesozonificación Ecológica y Económica para el Desarrollo Sostenible del Valle del Río Apurímac-VRA. Iquitos-Perú. 64 p.

ANEXOS

1. Formato de campo

Departamento   :
Provincia   :
Distrito   :
Lugar de colecta   :
Coordenadas   :
Fecha colecta   :
Nombre del colector :

N°	Familia	Nombre Cientifico	Nombre Común	d (cm)	cd	h	ca
1							
2							
3							
4							
5							
6							
7							
8							
9							
10							
n..							

Leyenda: diametro (d), clase diamétrica (cd), altura (h), clase altimétrica (ca).

ANEXO N° 02

Tabla N° 49: Composicion florística de tres (3) parcelas evaluadas.

N°	Familia	Nombre Científico	Nombre vulgar
1	Lecythidaceae	Eschweilera coriacea (A. DC.) S. A. Mori	machimango negro
2	Urticaceae	Pourouma tomentosa Mart.	sacha ubilla
3	Urticaceae	Pourouma tomentosa Mart.	sacha ubilla
4	Lauraceae	Ocotea aciphylla (Nees) Mez	canela moena
5	Lauraceae	Ocotea olivacea A. C. Sm.	moena amarilla
6	Fabaceae	Parkia velutina Benoist	pashaco
7	Araliaceae	Dendropanax umbellatus (Ruiz & Pav.) Decne. & Planch.	fósforo caspi
8	Elaeocarpaceae	Sloanea guianensis (Aubl.) Benth.	casha huayo
9	Sapotaceae	Ecclinusa lanceolata (Mart. & Eichl.) Pierre	caimitillo
10	Fabaceae	Parkia velutina Benoist	pashaco
11	Araliaceae	Dendropanax umbellatus (Ruiz & Pav.) Decne. & Planch.	fósforo caspi
12	Lauraceae	Ocotea argyrophylla Ducke	moena hoja marrón
13	Fabaceae	Parkia velutina Benoist	pashaco
14	Fabaceae	Swartzia benthamiana Miq.	acero shimbillo
15	Euphorbiaceae	Hevea pauciflora (Spruce ex Benth.) Müll. Arg.	shiringa
16	Araliaceae	Dendropanax umbellatus (Ruiz & Pav.) Decne. & Planch.	fósforo caspi
17	Fabaceae	Parkia velutina Benoist	pashaco
18	Sapotaceae	Ecclinusa lanceolata (Mart. & Eichl.) Pierre	caimitillo
19	Sapotaceae	Ecclinusa lanceolata (Mart. & Eichl.) Pierre	caimitillo
20	Fabaceae	Parkia velutina Benoist	pashaco
21	Elaeocarpaceae	Sloanea guianensis (Aubl.) Benth.	casha huayo
22	Myristicaceae	Iryanthera juruensis Warb.	cumalilla colorada
23	Sapotaceae	Ecclinusa lanceolata (Mart. & Eichl.) Pierre	caimitillo
24	Fabaceae	Inga tessmannii Harms	shimbillo
25	Euphorbiaceae	Hevea pauciflora (Spruce ex Benth.) Müll. Arg.	shiringa
26	Sapotaceae	Ecclinusa lanceolata (Mart. & Eichl.) Pierre	caimitillo
27	Elaeocarpaceae	Sloanea durissima Spruce	cepanchina
28	Lauraceae	Ocotea oblonga (Meisn.) Mez	shicshi moena
29	Fabaceae	Parkia velutina Benoist	pashaco
30	Elaeocarpaceae	Sloanea guianensis (Aubl.) Benth.	casha huayo
31	Fabaceae	Hymenolobium nitidum Benth	mari mari
32	Euphorbiaceae	Hevea pauciflora (Spruce ex Benth.) Müll. Arg.	shiringa
33	Elaeocarpaceae	Sloanea guianensis (Aubl.) Benth.	casha huayo
34	Lauraceae	Ocotea gracilis (Meisn.) Mez	moena sin olor
35	Sapotaceae	Ecclinusa lanceolata (Mart. & Eichl.) Pierre	caimitillo
36	Lauraceae	Ocotea gracilis (Meisn.) Mez	moena sin olor
37	Sapotaceae	Ecclinusa lanceolata (Mart. & Eichl.) Pierre	caimitillo
38	Elaeocarpaceae	Sloanea guianensis (Aubl.) Benth.	casha huayo
39	Fabaceae	Parkia velutina Benoist	pashaco
40	Burseraceae	Protium ferrugineum (Engl.) Engl.	copal colorado
41	Lauraceae	Anaueria brasiliensis Kosterm.	añuje rumo

42	Lauraceae	Ocotea myriantha (Meisn.) Mez	garza moena
43	Moraceae	Ficus guianensis Desv.	renaco
44	Burseraceae	Protium altsonii Sandwith	copal
45	Euphorbiaceae	Hyeronima oblonga (Tul.) Müll. Arg.	raton caspi de altura
46	Lecythidaceae	Eschweilera coriacea (A. DC.) S. A. Mori	machimango blanco
47	Lecythidaceae	Eschweilera parvifolia Mart. ex A. DC.	machimango
48	Lauraceae	Beilschmiedia sp.	canela moena
49	Fabaceae	Swartzia klugii (R.S. Cowan) Torke	sacha cumaceba
50	Lauraceae	Ocotea bracteosa (Meisn.) Mez	canela moena
51	Meliaceae	Guarea macrophylla Vahl	requia
52	Melastomataceae	Miconia symplectocaulos Pilg.	caracha caspi
53	Urticaceae	Cecropia latiloba Miq.	cetico blanco
54	Fabaceae	Parkia velutina Benoist	pashaco
55	Lauraceae	Ocotea myriantha (Meisn.) Mez	garza moena
56	Annonaceae	Xylopia cuspidata Diels	tortuga caspi
57	Araliaceae	Dendropanax umbellatus (Ruiz & Pav.) Decne. & Planch.	fósforo caspi
58	Fabaceae	Parkia velutina Benoist	pashaco
59	Sapotaceae	Ecclinusa lanceolata (Mart. & Eichl.) Pierre	caimitillo
60	Lauraceae	Nectandra paucinervia Coe-Teix.	moena
61	Lauraceae	Nectandra paucinervia Coe-Teix.	moena
62	Fabaceae	Parkia velutina Benoist	pashaco
63	Fabaceae	Macrolobium microcalyx Ducke	santo caspi
64	Lauraceae	Ocotea myriantha (Meisn.) Mez	garza moena
65	Elaeocarpaceae	Sloanea guianensis (Aubl.) Benth.	casha huayo
66	Lauraceae	Ocotea myriantha (Meisn.) Mez	garza moena
67	Elaeocarpaceae	Sloanea guianensis (Aubl.) Benth.	casha huayo
68	Lauraceae	Ocotea myriantha (Meisn.) Mez	garza moena
69	Annonaceae	Xylopia cuspidata Diels	tortuga caspi
70	Sapotaceae	Micropholis venulosa (Mart. & Eichl.) Pierre	balatilla
71	Anacardiaceae	Tapirira guianensis Aubl.	wira caspi
72	Euphorbiaceae	Hevea pauciflora (Spruce ex Benth.) Müll. Arg.	shiringa
73	Urticaceae	Pourouma mollis Trécul	sacha ubilla
74	Myristicaceae	Iryanthera paraensis Huber	cumalilla
75	Humiriaceae	Sacoglottis amazonica Mart.	loro shungo
76	Lecythidaceae	Eschweilera albiflora (A. DC.) Miers	machimango
77	Urticaceae	Pourouma tomentosa Mart.	sacha ubilla
78	Lecythidaceae	Eschweilera tessmannii Knuth	machimango colorado
79	Sapotaceae	Chrysophyllum bombycinum T. D. Penn.	balata hoja grande
80	Annonaceae	Xylopia cuspidata Diels	tortuga caspi
81	Annonaceae	Xylopia cuspidata Diels	tortuga caspi
82	Fabaceae	Inga brachyrhachis Harms	shimbillo
83	Sapotaceae	Micropholis egensis (A. DC.) Pierre	quinilla
84	Sapotaceae	Micropholis venulosa (Mart. & Eichl.) Pierre	balatilla
85	Malpighiaceae	Byrsonima stipulina J. F. Macbr.	bandera caspi
86	Fabaceae	Parkia velutina Benoist	pashaco
87	Euphorbiaceae	Hevea pauciflora (Spruce ex Benth.) Müll. Arg.	shiringa

88	Annonaceae	Xylopia cuspidata Diels	tortuga caspi
89	Fabaceae	Parkia velutina Benoist	pashaco
90	Lauraceae	Ocotea gracilis (Meisn.) Mez	moena sin olor
91	Fabaceae	Parkia velutina Benoist	pashaco
92	Fabaceae	Macrolobium microcalyx Ducke	santo caspi
93	Apocynaceae	Macoubea guianensis Aubl.	jarabe huayo
94	Sapotaceae	Micropholis venulosa (Mart. & Eichl.) Pierre	balatilla
95	Lauraceae	Ocotea gracilis (Meisn.) Mez	moena sin olor
96	Myristicaceae	Iryanthera juruensis Warb.	cumalilla colorada
97	Anacardiaceae	Tapirira guianensis Aubl.	wira caspi
98	Lauraceae	Ocotea gracilis (Meisn.) Mez	moena sin olor
99	Fabaceae	Macrolobium microcalyx Ducke	santo caspi
100	Myrtaceae	Calyptranthes ruiziana O. Berg	guayabilla
101	Euphorbiaceae	Hevea pauciflora (Spruce ex Benth.) Müll. Arg.	shiringa
102	Fabaceae	Parkia velutina Benoist	pashaco
103	Myrtaceae	Eugenia florida DC.	sacha guayaba
104	Fabaceae	Parkia velutina Benoist	pashaco
105	Annonaceae	Xylopia cuspidata Diels	tortuga caspi
106	Annonaceae	Xylopia cuspidata Diels	tortuga caspi
107	Annonaceae	Xylopia cuspidata Diels	tortuga caspi
108	Annonaceae	Xylopia cuspidata Diels	tortuga caspi
109	Malpighiaceae	Byrsonima stipulina J. F. Macbr.	bandera caspi
110	Myristicaceae	Iryanthera juruensis Warb.	cumalilla colorada
111	Euphorbiaceae	Hevea pauciflora (Spruce ex Benth.) Müll. Arg.	shiringa
112	Olacaceae	Tetrastylidium peruvianum Sleumer	yutubanco
113	Myristicaceae	Iryanthera tricornis Ducke	pucuna caspi
114	Clusiaceae	Moronobea coccinea Aubl.	azufre caspi
115	Fabaceae	Tachigali tessmannii Harms	tangarana
116	Fabaceae	Parkia velutina Benoist	pashaco
117	Burseraceae	Protium ferrugineum (Engl.) Engl.	copal colorado
118	Lecythidaceae	Eschweilera coriacea (A. DC.) S. A. Mori	machimango blanco
119	Sapotaceae	Pouteria torta (Mart.) Radlk.	quinilla blanca
120	Meliaceae	Guarea macrophylla Vahl	requia
121	Lauraceae	Aniba perutilis Hemsl.	moena amarilla
122	Myristicaceae	Iryanthera polyneura Ducke	cumala colorada
123	Euphorbiaceae	Hevea pauciflora (Spruce ex Benth.) Müll. Arg.	shiringa
124	Apocynaceae	Aspidosperma schultesii Woodson	quillo bordón
125	Euphorbiaceae	Alchornea triplinervia (Spreng.) Müll. Arg.	zancudo caspi
126	Euphorbiaceae	Alchornea triplinervia (Spreng.) Müll. Arg.	zancudo caspi
127	Euphorbiaceae	Alchornea triplinervia (Spreng.) Müll. Arg.	zancudo caspi
128	Sapotaceae	Pouteria torta (Mart.) Radlk.	quinilla blanca
129	Euphorbiaceae	Alchornea triplinervia (Spreng.) Müll. Arg.	zancudo caspi
130	Myristicaceae	Osteophloeum platyspermum (A. DC.) Warb.	cumala llorona
131	Myristicaceae	Iryanthera lancifolia Ducke	cumala colorada
132	Urticaceae	Pourouma minor Benoist	sacha ubilla
133	Euphorbiaceae	Alchornea triplinervia (Spreng.) Müll. Arg.	zancudo caspi

134	Arecaceae	Socratea exorrhiza (Mart.) H. Wendl.	casha pona
135	Euphorbiaceae	Alchornea triplinervia (Spreng.) Müll. Arg.	zancudo caspi
136	Lauraceae	Ocotea gracilis (Meisn.) Mez	moena sin olor
137	Fabaceae	Swartzia benthamiana Miq.	acero shimbillo
138	Fabaceae	Swartzia benthamiana Miq.	acero shimbillo
139	Fabaceae	Swartzia benthamiana Miq.	acero shimbillo
140	Annonaceae	Xylopia cuspidata Diels	tortuga caspi
141	Metteniusaceae	Dendrobangia boliviana Rusby	palta caspi
142	Burseraceae	Protium ferrugineum (Engl.) Engl.	copal colorado
143	Burseraceae	Crepidospermum prancei Daly	copal blanco
144	Metteniusaceae	Dendrobangia boliviana Rusby	palta caspi
145	Metteniusaceae	Dendrobangia boliviana Rusby	palta caspi
146	Sapotaceae	Micropholis guyanensis (A. DC.) Pierre	balata saponina
147	Sapotaceae	Pouteria cladantha Sandwith	quinilla
148	Fabaceae	Parkia velutina Benoist	pashaco
149	Euphorbiaceae	Nealchornea yapurensis Huber	huira caspi
150	Myristicaceae	Iryanthera juruensis Warb.	cumalilla colorada
151	Sapotaceae	Ecclinusa lanceolata (Mart. & Eichl.) Pierre	caimitillo
152	Sapotaceae	Ecclinusa lanceolata (Mart. & Eichl.) Pierre	caimitillo